U0277271

2014年度宁波市社会科学学术著作出版资助项目

水管理的市场化模式研究

Study on Marketization Mode of Water Resource Management

励效杰◉著

ZHEJIANG UNIVERSITY PRESS
浙江大学出版社

前　言

人类是在适合其生存的环境条件下产生及发展的。改革开放以来，中国处于前所未有的社会变革和经济发展的过程中。经济总量快速增长，综合国力迅速提升，人民生活大为改善，总体上已经开始步入小康水平。但是，随着工业化和城市化进程的加快，水资源越来越成为稀缺资源，水资源的供求矛盾日益加剧，水资源短缺越来越成为制约经济社会发展的重要因素。可以预见，中国在21世纪头20年全面建设小康社会的进程中，以及未来50年迈向中等发达国家的道路上，水短缺问题将成为制约经济社会发展的最大资源瓶颈之一。

在中国传统治水模式下，解决水短缺问题主要依靠技术创新，结果往往是资金投入大、工程运作效率低、水资源短缺严重、用水浪费严重的恶性循环。针对以上问题，本书认为：水资源短缺表面上是水资源不适应经济社会可持续发展的需要，实质是水管理制度长期滞后于经济社会发展的需求的累积结果，是水管理制度的危机；有效应对水短缺问题的根本出路在于水管理制度的创新。

本书在前人对水短缺问题的研究基础上，选择以下两个问题进行重点研究：一是在宏观层面上，中国水管理制度变迁如何实现，动因是什么；二是在什么条件下基于市场机制的水管理模式是有效率的，也就是说，在什么条件下基于市场机制配置水使用权和水经营权是有效率的。

对第一个问题的讨论，作者首先采用规范分析的方法，建立了水管理制度变迁模型来研究中国水管理制度变迁的实现方式，并且运用该模型对当代中国水管理手段创新及实现方式进行探讨。

对于第二个问题的讨论是基于水资源产权层次性和可分性的基础上展开的，作者建立了基于水权的水管理制度分析模型概化实际的水管理问题，重点对基于市场机制的水使用权管理和水经营权管理进行了研究。对于基于市场机制的水使用权管理的研究，主要围绕着基于市场机制的水使用管理的适用领域及适用条件而展开的。对于基于市场机制的水经营权管理的研究，主要对基于市场机制的水经营权管理中的道德风险问题进行了系统研究，以及对基于市场机制的水经营权管理的效率进行了定量评价。

目　录

图目录

表目录

第1章 绪 论

1.1 选题背景和研究对象

1.1.1 选题背景

追根溯源，人类是在自然界存在适合于其生存的环境条件下才产生和发展的。人类生产活动的本质是人与自然界进行物质循环交流。人类发展经济的目的是使自己生活得更好，更幸福(解振华，2003)。

水资源是基础自然资源，是生态环境的控制性因素之一；同时又是战略性经济资源，是一个国家综合国力的有机组成部分(钱正英等，2001)。改革开放以来，中国处于前所未有的社会变革和经济发展的过程中。经济总量快速增长，综合国力迅速提升，人民生活大为改善，总体上已经开始步入小康水平。与此同时，城市化和工业化进程也造成了人口与资源矛盾的空前尖锐。在此发展背景下，中国的水问题日趋突出，水资源的整体态势异常严峻和复杂，突出表现为洪涝灾害频发、水资源短缺、水体污染严重和水生态恶化四大水问题。

1.洪涝灾害频发威胁着经济社会的发展

受季风气候影响，我国是一个洪涝灾害严重的国家，防洪问题历来得到党和政府的高度重视。1998年长江流域发生大洪水以后，我国政府加大了对防洪的投入，目前七大江河的防洪设施质量有了较大的提高，防洪工程体系已具较大规模，防洪形势得到了一定程度的改观，但是洪涝灾害对我国的威胁依然很大。1990年以来，由于洪涝灾害所导致的损失全国年均在1100亿元左右，约占同期全国GDP的1%(汪恕诚，2005a)。随着人口增加和经济发展，洪水淹没造成的损失会急剧增长，对洪水保障程度提出了更高的要求。

2.水资源短缺日趋突出

在解决饮用水方面，新中国成立以来，全国已累计解决农村2.82亿人的饮水困难问题，4亿多农村人口喝上自来水，城市自来水基本上已经普及。在粮食用水方面，我国的有效灌溉耕地面积达到8.4亿亩。在工业供水方面，我国工业用水从1980年的417亿立方米增加到2004年的1200亿立方米。但是应该看到，按照世界水资源研究院的标准，即人均占有水量2000立方米即处于严重缺水边缘，我国水资源短缺的状况还相当严重，我国有16个省(区市)在此标准线以下。也就是说，我国国土面积的30%、人口面积的60%处于缺水状态(钱正英等，2001)。水资源短缺问题已成为经济社会发展的重要制约因素。

3.水体污染严重

我国工业和城镇生活污水的年排放总量从1980年的2.39亿立方米增加到2003年的680亿立方米。大量未经处理的污水直接排入水体，江河湖海遭受严重污染。2003年，据对13.46万千米河流水质进行评价，五类或劣五类河长占26.5%，与2002年相比有所增加。据世界银行测算，20世纪90年代中期，我国每年仅空气和水污染带来的损失占GDP的比重就达8%以上(解振华，2003)。这说明，我们的经济增长在某种程度上是以牺牲生态环境为代价的。随着人口的增加、经济社会的发展，我国水资源的形势十分严峻，而且严重而普遍的水污染造成的水质性缺水更加剧了水资源的短缺。

4. 水生态恶化

截止到2004年年底，我国水土流失面积356万平方千米，占国土面积的37%，每年流失的土壤总量达50亿吨。严重的水土流失，不仅导致土地退化、生态恶化，而且造成河道、湖泊泥沙淤积，加剧了江河下游地区的洪涝灾害。牧区草原沙化严重，全国牧区33.8亿亩可利用草原中有90%的牧区草地退化问题突出。地下水超采严重，大量湖泊萎缩，滩涂消失，天然湿地干涸，水源涵养能力和调节能力下降，水生态失衡呈加重趋势(汪恕诚，2005a)。

可以预见，中国在21世纪头20年全面建设小康社会的进程中，以及未来50年迈向中等发达国家的道路上，水问题将成为制约经济社会发展的最大资源瓶颈之一，同时水问题将对中国的发展构成重大挑战，水危机成为国家安全的重要内容。如何保障水安全，包括水资源安全、水生态安全和水环境安全，以水资源的可持续利用支撑经济社会的可持续发展，已成为21世纪中国最重要的发展问题之一。

1.1.2 研究对象

从20世纪90年代末开始，在寻求复杂水问题的解决对策过程中，特别是长江洪水、黄河断流、南水北调实施方案的酝酿等水管理实践的推动之下，中国政府有意识地加快了水管理制度变革的步伐。以时任水利部部长汪恕诚接受《学习时报》记者采访时的一席讲话为标志，说明这场变革已经取得了引人瞩目的理论成果。在采访中，他提出“十一五”期间我们能不能为经济社会可持续发展提供可靠的水资源保障，能不能完成水利发展的目标和任务，关键在于能否把科学发展观贯彻落实到水利各项工作中去；随着可持续发展水利的不断推进，制约水利发展的体制性机制性障碍日益突出，改革的深层次矛盾逐步暴露，必须用改革的办法解决前进道路上的矛盾、困难和问题，以改革促发展(汪恕诚，2005b)。这一新的治水思路可以概括为三个方面：①新的治水观：科学的发展观；②新的方法论：改革；③新的治水目标：建立与社会经济发展相适应的水管理制度，这是一个动态的更高要求的目标。

本书把中国水资源短缺问题作为研究对象。随着中国市场经济改革的深入，市场机制在配置经济资源方面的基础性作用日益加强，国家“十一五”规划中明确指出[①]，产品的市场化改革已经基本完成，要素资源领域的市场化改革，将是今后一段时间的工作重点。在中国传统治水模式下，解决水短缺问题主要依靠技术创新，结果往往是资金投入大、工程运作效率低、水资源短缺严重、用水浪费严重的恶性循环。针对以上问题，本书认为：水资源短缺表面上是水资源不适应经济社会可持续发展的需要，实质是水管理制度长期滞后于经济社会发展的需求的累积结果，是水管理制度的危机；有效应对水短缺问题的根本出路在于水管理制度的创新，由此引出两个讨论问题：一是在宏观层面上，中国水管理制度变迁如何实现，动因是什么；二是在什么条件下基于市场机制的水管理模式是有效率的，也就是说，在什么条件下基于市场机制配置水使用权和水经营权是有效率的？

1.2 国内外相关研究综述

从公元前3000年，埃及人在尼罗河上首设水尺观察站并筑堤开渠开始，人类就开始了对水资源的开发利用，水管理也就开始了（叶秉如，2001）。在人类开发利用水资源的全过程中，水管理是贯穿其中的重要问题，只有通过有效的水管理措施，才能比较完美地使水资源开发利用达到其预期效益目标。虽然“水管理”一词由来已久，在有关水的研究中是频繁出现的术语，但是它包含的许多命题对于当今的中国来说完全是新鲜事物。由于水管理的内涵和外延相当复杂，目前即使是对“水管理”的基本概念的理解，国内外都存在较大的分歧。面对中国层出不穷的水问题，人们积极寻找解决之道。在传统工程和技术方法解决水问题失效的同时，近年来对水管理制度的研究引起了国内学术界的高度重视，尤其是以水权为基础的水管理制度的研究。本书将从国外和国内两个层面对相关研究作一个简要的回顾，以便对该领域的相关研究有一个系统性的掌握。

---

① 《中华人民共和国国民经济和社会发展第十一个五年总体体规划纲要》。

1.2.1 国外的相关研究综述

我们知道，世界各国为了解决各自的水问题，都进行了积极而有益的探索，世界范围内多个国家大量引入水市场，且已有近30年的历史，它们积累了大量的经验和教训，也有很多成熟的做法可资借鉴。世界水理事会(World Water Council，WWC)把世界面临的水问题挑战归纳为七个方面(Abu-Zeid M. A.，1998)：①水短缺；②缺乏清洁饮用水和洁净水；③水质恶化；④缺乏整体水管理；⑤资金投入下降；⑥决策者和公众缺乏资源可持续利用的意识；⑦威胁世界和平与安全。Radif A A(1999)把世界水问题归纳为六个方面：①分布不均匀；②世界人口增长对水资源的影响；③水供应紧张；④广泛的水短缺；⑤水质恶化；⑥洪水和干旱。为了解决上述水问题，从20世纪80年代开始，国外的学者对以前以水量为基础的水资源管理方法进行了积极的反思，归纳起来就是强调把水作为经济物品来看待，从而出现了水资源配置手段的市场扩张型趋势。

1. 基于水市场的相关研究

Gisser和Johnson (1983)建立了一个解释水权和外部性的模型，研究结论认为，当良好界定的权力考虑了第三方时，效率需要水权具有可转让性。Huffman(1983)考察了美国几个西部州河流水权公开进入的问题。Tregarthen(1983)研究了在Colorado与水权转让有关的信息不对称和交易成本是如何产生不当管理激励的。Howe等(1986)认为，具有不可转让的水权水分配体系将导致僵化的、不灵活的和低效的水配置。Anderson等(1983、1994和1997)认为，完全界定的水权是水市场存在的前提，地下水市场配置的关键是一个良好界定的、可实施的可转移产权。Cummings等(1992)认为，市场以灵活的方式将水配置到最高价值的使用，提高了分配效率，但是必须要求水使用者对任何水的再分配和水的转让以及所要求的补偿作出承诺。能够在决定应用多少水和生产哪种作物上，利用使用者第一手的信息来作出水的管理决定，因为存在需求模式和比较优势的变化以及作物的多样性，市场为适应作物价格和水价格的变化具有了灵活性。在一个水市场内部，个体的使用者被迫考虑他们对水利用的机会成本，以及一些与他们的水利用或转让相关的外部成本，此外，一个水市场要求以界定清晰和可执行的水权为基础，并且反过来又能刺激在节水技术方面的投资。Rosegrant 等(1994)认为，私人所有权与市场交易和官僚政治控制分配水相比，市场实现了水的利用从低价值向高价值的转移。World Bank (1993、1995)认为，水资源短缺形势严峻，工程和技术的手段固然十分重要，但水资源管理不善也是导致水资源短缺问题的重要原因之一；在这一思潮的影响下，从 20 世纪 80 年代中后期开始，许多发展中国家和部分发达国家先后出现了将灌溉系统的权责从政府向农民协会和其他私人组织转移的改革浪潮，其目的主要是为了减轻国家的财政负担，提高水资源的利用率和水利工程的运行效率，缓解水资源尤其是农业用水的紧张态势。Holden P. 和 Thobani M. (1996)认为，在大多数国家，行政手段进行水配置导致了水的浪费，在水的供应和使用上造成了大规模的无效率，通过市场机制来提高用水和供水的效率是必要的。Schleyer 等(1996)通过研究证明，在水权被明确界定为私有的、可转移的地方，以及在水市场正式建立以前，水市场交易已经长时间被实践的地方，市场结构的执行是成功的。一个高效的可交易水权市场要求必须具备以下条件：有很好界定的权利，可靠性和优先权，明确被交易的对象，以及在重新分配过程中的可预测性。保护从水权持有者的水权使用中流出的净利润。可转让水权与土地相分离，有创造较高价值的机会。确保所有权资格的宪法、相关的政府权限以及法律仲裁，对于提供安全的水权转让是必要的。在整个水权体系中，为保持合适的权利链需要高效的管理体系。Zilberman(1992、1997)研究了从水权制度向水市场制度的过度问题。Armitage(1999)认为，水市场的建立经常受到外部性存在的抑制，例如增加的污染或者是回归流的改变，这些影响必须在决定水权转让过程中能够得到说明，并且受损的第三方必须得到一定的补偿。Grimble R. J. (1999)认为水短缺问题在经济学上表现为水供应的边际成本正在升高、水不再是公共产品和将来有不可持续利用的管理威胁，需要通过市场机制来改进效率、提高可持续利用程度。Marino M. 和 Kemper K. E. (1999)对巴西、西班牙和美国科罗拉多州水权市场和管理体制进行了实证分析，认为引入水市场可以提高水资源的管理水平，是否有充分的制度安排是水市场成功的关键因素之一。Manuel 等(2002)以西班牙南部农业内部水权转让为例预测和评估了引入水权市场对农业收入和就业带来的影响,并认为小规模和中等规模的农户更能够从水权市场获益。Javier 等(2005)以西班牙南部的水权转让作为案例,重点探讨了水权转让在降低农户风险(由于供水不确定性而导致)方面的作用。

2. 基于用户参与的相关研究

Easter(1986、1997、1998、1999 和 2000)等认为,基于用户参与的水资源配置模式对节水的影响取决于地方规范的内容和当地组织的力度。Ostrom 等(1990、1992 和 1993)对小型公共池塘进行了研究,提出了基于用户参与水资源配置模式,并对实现该模式效率的相关边界问题进行了探讨。Hunt(1990)认为,共同管理为提高农民对水供应的控制提供了机会,可以提高灌溉服务的效率。Small 等(1990、1991)通过对亚洲灌溉服务组织的研究认为,服务组织的财务独立有利于提高灌溉服务的运作效率。Bardhan(1993)认为,在较小规模的集体中,成员之间进行合作可以得到五个方面的收益:合作战略更可能得到观察,损失分享不服从大数规则,成员之间的相互联系可能是比较重要的,谈判成本更低,强烈的社会联系提供了更多的凝聚力。Johnson(1993、1997)通过对墨西哥的公共灌溉系统的研究,认为公共灌溉系统控制权转移给协会导致了维护和运行费用征收的增加,以及提供灌溉服务的改善。Vermillion(1997)认为技术的发展已经减少了井灌的经济规模,所以就可以把水井看作私人物品的范畴,尤其是对于规模较小的农户更是如此。Meinzen-Dick 等(1996、1997)把用水户组织分为两类:亚洲型(组织单位较小,农民直接参与)和美洲型(建立在水边界上,依靠特别的正式的灌溉组织);由于用水户组织是代表用水户的利益进行管理和运行的,能够极大地减少实施水定价的成本,如监督和强制成本;基于用户的配置需要具有影响水权权威的集体行动制度。Marre(1998)研究了阿根廷农民低参与程度的案例,由于大部分费用用于支付现实成本(如工资),导致了管理的恶性循环,并建议提高灌溉服务并同时对不缴费者暂停提供水。Alberto(2000)选择西班牙南部 4 个灌区为例,研究了交易成本对农户间、区域内、区域间灌溉水权转让机制和效果的影响,进而分析用户参与对交易成本的影响。

3. 基于影子价格的相关研究

Stanley(1982)研究认为,水资源定价是为了保护资源,促进用水效率,公平分配及为供水企业提供稳定的收入。Fakhraei(1984)研究了随机供水情况下,水价与利润之间的关系,分析水价对企业利润的影响。Mercer(1986)分析研究水资源合理定价对市政水利部门利润的影响情况。Narayanan(1987)等应用一个非整数规划模型研究计量成本下的季节水价,提出实施季节水价有利于合理分配水资源。Moncur(1988)对水资源价格在水资源管理中的作用进行深入的分析,分析结果表明,当水价有足够的弹性时,通过征收干旱附加税调节用户用水,可避免限量供水所带来的一系列问题,干旱附加税可促进采取节水措施,如果同时加强宣传教育则效果更加明显。Raftelis(1988)提出对于供水企业,建立一个有效的价格结构弥补服务成本,将有利于企业的良性运行。Schneider(1991)研究一定用户需水量弹性,揭示水价弹性与节约用水之间的关系。Murdock(1991)指出人口统计和社会经济变量,如住户年龄、种族、家庭成员的组成对用水量有很大影响,在研究水价定价时,要考虑这些因素对定价的影响。Murdock从社会经济发展角度考虑对水资源的需求量的变化,需水量的变化影响到水资源价格水平,拓宽了水资源价格研究所涉及的范围。Wicholns(1991)研究灌溉用水划区收费,提出合理确定收费标准,可提高用水效率。Michael(1992)利用边际成本模型、平均成本模型等研究了美国南部和西部地区水资源价格。Panayotou(1994)分析了全成本定价的市场价格及均衡产量。Conseuelo Varela-Ortega(1998)等通过建立模拟农民对不同水定价方法的动态数学规划模型,对西班牙几个灌区中水价对农民收入的影响进行了研究。研究表明,提高水价,实现节水目标,对不同灌区农民的农业收入有不同的影响。Robert C. Johansson (1999)认为,为了解决水短缺和日益增加的人口增长压力问题,采用水定价机制是提高灌溉用水效率的重要手段。Ioslovich(2001)等认为水价是水资源分配工具,提出一个用于城市用水者、农业用水者和其他用水者的水资源扩展模型,得出水资源的分配方案及水资源的影子价格。

4. 基于综合管理的相关研究

Gazmuri 和 Rosegrant(1994)认为用水效率的提高要靠水权、制度和水市场的共同作用。Ahmed 和 Sampath(1988)认为由于跨用户的外部效应、跨时的相互依赖、大量的固定成本和供应的不确定性,所有这些因素都会阻止水市场的运行,因此有效的水管理应该是多种机制的共同作用。Frederiksen(1997)强调利用综合手段加强水资源和水环境的综合管理。Saleth R. M. 等(1996、1998、1999 和 2000)认为水管理改革的主要目标是把水作为经济物品,加强市场的配置能力,同时要加快水行业改革,提高其对环境的适应性和运行效率,以应对现在和将来的水挑战。

由于各个学者及机构研究的具体对象的差异,从而导致实现水资源配置手段上的差异,归纳起来主要有四种观点:一是使用以边际成本为基础的影子价格手段进行水资源配置(MCP),二是以水市场(WA)运行机制进行水资源配置,三是以用户参与进行水资源配置(UA),四是强调应该采用整体综合的方法进行水资源管理。因此,国外现行的水资源配置模式主要包括:行政配置、市场配置、用户参与式配置以及综合配置模式。2000 年,在荷兰海牙召开的世界水论坛部长级会议上 Islam M. Faisal 博士提出从四个方面改进水管理的思想受到高度关注,即要在水资源管理中体现综合性、面向市场、用水户参与和环境保护四大方面。目前,国外对水资源配置机制的研究主要考虑水资源产权界定、制度安排和经济机理对配置效率的影响;并且比较一致地认为,纯粹的市场或纯粹的政府都难以满足合理配置的要求,各种配置机制相结合的制度是解决水问题的根本途径。

1.2.2 国内的相关研究综述

从研究采用的方法来看,国内的相关研究可以大致归纳为三类:第一类是法学角度的研究;第二类是国际经验比较研究;第三类是经济学角度的研究。本书将从这三个方面对已有研究进行回顾和评论。

1. 法学视角的相关研究

从取得的实际成效来看,法学角度的研究对政策实践的影响力最大。裴丽萍(2001)从水权的基本含义着手,通过分析水权与水资源所有权在各国产生的社会经济背景以及两者之间的关系，将水权定位为民法上的新型用益物权，并进一步说明了水权在优化水资源配置、实现水资源多元价值方面的制度功能；为使水权与相关物权相互衔接和配合，从理论上探讨了水权与土地所有权及使用权、相邻权、地役权等物权制度的关系，并初步提出了理顺它们之间关系的立法设想；还探讨了水权不同于传统用益物权的特征，并对水权的种类、设立和取得方式以及水权贸易的具体规则提出了自己的见解。蔡守秋（2001）研究了与水权转让相关的法理。崔建远（2002）从民法角度探讨了水权的基本理论，认为水权不包含水所有权、水合同债权，它们分别为独立的权利，只有行政权而无水资源所有权创设不出水权，水权的初始配置在中国不宜采用拍卖的方式，水权的主体多样化，须具体分析。高芙蓉（2002）认为，中国古代社会制定水利法律制度主要解决水灾、漕运和灌溉问题，其中以农田水利法律制度为主，没有完整的水权制度；我国现行的水权制度主要包括水资源所有权和取水权制度，但是我国现行水权制度还不完善，水权概念不完整，水资源所有权制度不完善，没有建立水权流转制度；而完善我国的水权制度，不仅是水资源管理工作、立法工作的客观需要，更是适应社会主义市场经济体制，贯彻落实党中央、国务院重大决策的要求。李先波等（2003）认为水权制度在实现水资源多元价值方面发挥着不可替代的作用，是解决我国水短缺问题的关键所在，并着重阐明了水权的含义，并就我国水权制度立法中存在的问题提出了完善的建议。崔建远（2003）研究了水工程涉及多种民事权利类型，主要包括水权和水工程所有权，并提出水工程所有权原则上归投资者享有，于是有必要承认地方所有权、部门所有权、法人所有权。黄锡生（2004）认为水权作为在开发、利用水过程中产生的对水的权利，包括水物权和取水权两部分。黄锡生（2005）认为我国现行的与水权配套的相关法律还不够完善，不利于对水资源的保护，并以此为基础提出了完善我国水权法律制度的若干构想。陈金木（2006）认为水权在总体上属于物权范畴，分析物权法立法争议对水权制度建设有着重要的借鉴意义。黄锡生（2007）以现代环境伦理观为指导分析修改水污染防治立法目的，然后以水权体系构建水环境管理权体系来完善水污染防治管理体制，最后从法律责任方式角度提出了完善水污染防治法律责任制度的建议，以期促进水污染防治法的完善，保障和改善我们赖以生存的水环境。傅贤国(2008)通过对一特定水权纠纷的再次考察认为，作为纠纷主体的一方，在特定条件下，也成了解决纠纷的主体，并在很大程度上起了决定性的作用，因此要从真实生活出发构建解纷机制。陈德敏等(2009)认为，《物权法》对水资源的国家所有权的确认体现了对公有财产和私有财产平等保护的基本原则，水资源权属的清晰界定不仅不与民间百姓的习惯法权基础上的取水权相冲突，而且有利于国家对水资源进行统一规划、管理，实现对水资源的保护和合理利用。刘晓峰(2010)以环境法的视野来看，中国古代的水权制度特别是明代以后的水权制度，虽未明确提出水权的概念，但其所包含的用水户参与式管理等具体内容却具有与现代水权概念相同的内涵，对完善我国现代水权制度具有实践指导意义。王生珍(2011)简要地总结了学者们关于水权概念及其性质的不同观点，指出了我国关于水权方面的法律规定，分析了我国水权制度的现状及其完善对策。李园园等(2012)以物权法为切入点，提出对取水权进行细化，扩大水资源用益物权范围、做好不同法律的衔接与分工、设立水资源担保物权制度等措施以求促进水资源节约和高效利用，倒逼主体合理配置和使用水资源，并最终实现保护水资源的目的。

以上成果反映了已有法学角度的研究对水短缺问题的基本认识。水权对解决水短缺问题有着极其重要的作用。同时不同学者根据自己对水权的定义，对我国的水管理理论及实践提出了各自的对策建议。从法学角度对水管理问题进行一个分类概化，具有简明实用的优点，易于导出政策上的实施方案。但是法学角度研究的缺点是对客观的权利关系认识不充分，不能对问题的本质提供更深入的洞察。例如在水资源所有权国有条件下，水权分配给哪些主体是有效率的，这些主体如何管理水权？哪些水权可以通过市场来分配？对这些问题从法学角度难以给出清晰的答案。此外，仅从法学角度认识导出的管理方案，其实际操作性也令人怀疑。

2. 国际经验比较的相关研究

从取得的成果数量来看，上述三类研究中国际比较研究取得的成果最多。我们知道，世界各国为了解决各自的水问题，都进行了积极而有益的探索，它们积累了大量宝贵的经验和教训，非常值得借鉴。本书选择若干篇文章作为例子，试图说明该方法的优劣势。孙卫等(2001)根据美国、澳大利亚、智利和日本在水权管理制度方面的特征进行比较与探讨，分析了我国水权管理制度目前的缺陷，提出了我国构建市场化的水权管理体系的总体思路。张平(2005)对一些国家水权制度实践的成功经验作了系统的分析，并提出明晰水权、政府职能分开、建立水市场与完善法律体系等建议。陈洁等(2005)系统分析了智利的水权管理制度，提出了包括完善水权交易的前提条件，做好水权交易的宣传工作，成立水权交易所，完善水权交易登记制度，防止投机行为，保障农民权益等若干建议。张勇等(2006)在比较国外典型水权制度基础上，认为水权制度的变迁过程实际上是随着水资源稀缺性逐步显现及对用水效率要求的日渐提高而出现的对水使用权规范程度不断提高的过程。雷玉桃(2006)在比较国外典型水权制度基础上，认为中国水权的初始分配必须设置优先原则，排定优先顺序。余文华(2007)认为2002年颁布的《水法》中明确了流域管理与区域管理相结合的原则，但如何在新法框架下改革现有的区域水权制度，如何以市场手段优化配置区域水资源、提高水资源的利用效率是亟待解决的问题，该文通过国外水权制度的比较分析，为我国水权制度的完善提供点启示。沙景华等(2008)借鉴发达国家水资源管理模式：即水权、水价、水务市场、水资源统一管理以及流域管理、城市水务管理等方面的做法，以改善我国水资源管理的现状。

对于中国这样一个没有现成水市场经验的国家，在水管理制度变革这个“摸着石头过河”的过程中，参考国外现成的经验无疑是一种低成本的选择，且全球化和信息数字化进一步降低了知识传播的成本。目前介绍国外水管理制度的资料已经非常丰富了，这些为比较研究提供了很好的基础。尽管国际经验值得借鉴，由于任何一个国家的水管理制度都与该国的政治经济制度和社会发展水平密不分，因而国外现成做法和经验大多只能参考，而不能直接拿来。这些决定了比较研究方法的局限性，并要求我们在总结别人经验的同时，通过加强理论研究不断增进对自身问题的理解。

3. 经济学视角的相关研究

经济学方法侧重于研究事物运行和发展的内在机制，揭示客观事物之间的内在关系，通过对现实中复杂问题的理解，服务于政策和法律实践。在学术的专业分工中，经济学的威力蕴含在它对现实世界的解释，同时对经济发展的路径作出有限的预测，而不是对现实世界的批评，更不是设计理想中的世界。经济学方法的研究，可以对水资源的配置问题作出更为基础性的贡献，通过增进人们对水管理制度问题的理解，为法律和政策实践提供理论支撑。国内已有的从经济学角度出发研究有关水管理制度问题已经取得了一些成果。王建中(1999)提出通过流域立法，强化流域机构的权威，利用法律约束机制调节地方利益冲突，实现流域水资源的统一优化管理调度。刘文强(1999)提出通过界定清晰的产权，利用市场机制对水资源加以配置，从利益机制出发建立流域"激励相容"的水管理机制。胡鞍钢(2000)从政治经济学角度出发对转型期水资源分配机制进行了研究，提出了转型期水资源配置的基本思路：准市场和政治民主协商。常云昆(2001)对黄河水权制度进行了研究，他以黄河水权制度为核心，全面系统地研究了黄河水权制度的历史变迁和现有黄河水权制度的形成，研究结果认为，一是如果从用水效率和节水角度考察黄河断流问题，黄河断流的真正原因在于低效率导致的过量用水，出现这种现象的深层次原因则在于水权制度；二是通过对各国主要水权制度的比较研究，提出在坚持公有水权的基础上，清晰地界定黄河水资源的经营权、使用权以及排他性配水量权是黄河水资源市场形成的前提条件；三是通过可交易水权制度的实施，形成节约用水的激励机制和避免浪费水的约束机制，引导用水主体提高黄河水资源的利用效率和配置效率；四是对黄河水价制度改革、水政管理与水务管理的分离等方面也提出了独到性的见解。傅晨(2002)运用产权经济学的基本原理对国内首例水权转让即浙江省东阳和义乌两市之间有偿转让部分用水权为案例进行了经济分析，为水权交易和水权制度建设提供了一个一般的理论分析框架。葛颜祥(2002)针对黄河流域提出了对基本需求用水采用混合分配模式，机动用水采用市场分配模式，同时提出采用政府调控、民主协商和水权转让的机制对水权分配过程中出现的利益冲突和缺陷进行协调和弥补。刘伟(2004)以新制度经济学作为研究的理论基础,从宏观角度出发对中国水制度进行深入探讨和分析,研究结果认为,一是中国水制度正处于以开发为中心的供方管理模式向以配置为中心的需方管理模式变迁的起始阶段,政府要发挥主导作用,努力降低水制度变迁的交易成本;二是水具有复杂特性,要求水配置要采用政府、市场、用水户组织为主体的多元配置机制共生的机制,重视水制度改革中水法、水政策、水行政的协调一致,水定价制度、水权与水市场制度、用水户组织制度则是中国市场扩张型水制度的三个支撑性制度安排;三是中国市场扩张型水制度具有巨大的节水潜力和制度收益,解决了制度短缺问题,中国水短缺问题就可以解决。王彬(2004)从可持续发展的内涵出发,对水价值和水定价进行了探讨,研究结果认为,一是由于水资源具有复合属性,稀缺的水资源为国家所有是符合效率的制度安排,用水顺序权的配置是水资源国家所有的集中体现;二是在水资源国家所有的基础上,通过水权、水市场等"准市场"手段和经济激励等管制措施可以促进水资源的节约和有效利用;三是只有通过政府、市场和第三部门的多中心治理结构才能缓解水短缺问题。赵璧(2004)应用制度经济学和新古典经济学考察了银川市水资源短缺的基本状况,剖析了水兼有一般商品与公共品的性质,在此基础上从水权与水市场的制度构建层面探讨了缓解水资源短缺的市场价格机制。沈满洪(2005)在界定了水资源的物品属性和产权属性的基础上,构建了水权交易函数,并假设水权制度改革就是要实现由包括外部收益和外部成本在内的水权交易函数向只包括内部收益和内部成本的水权交易函数的转变;通过实证分析证明了政府间水权交易是以最小成本获取最大收益的理性选择,产权模糊前提下的水权交易离不开政府推动的结论;最后提出中国水权制度改革的方向是市场机制、政府机制和社会机制分工协作的多层次水权交易制度。王亚华(2005)以新制度经济学作为研究的理论基础,运用"经济解释"、"大历史观"和"新经济史观"的理念,从治水和治国的关系这一宏观角度出发寻求当代中国干旱缺水应对之策,认为当代中国面临的水危机,实质上是大规模政府缺位、国家管理成本支付不足导致的治理危机;治水结构的失效,深层次反映了国家治理结构的失效,水危机既对水利自身的改革提出了挑战更对当代的国家治理改革提出了挑战;未来中国的治水模式会不再是传统的政府主导的集权模式,取而代之的,将是政府、市场和公民社会互补互动的“良治”模式,这也将是未来中国国家治理的基本架构。李雪松(2006)以水资源可持续利用为出发点,运用经济学的理论解析目前我国严重的水资源短缺问题,重点研究了水资源制度创新的框架体系,其主要包括水资源统一管理制度、水资源产权制度、水资源市场交易制度、水资源价格制度、水资源法律监督制度和水资源文化制度。王慧敏等(2007)结合复杂适应系统理论,建立了水权交易CAS模型,设计了水权交易的运行机制,并在SWARM仿真平台进行了模拟,结论表明:市场机制的引入对配置水资源是有效的,提高了单位用水效益、效率和政府满意度等。王慧敏、王慧和陈志松等(2008、2009和2010)以经济学原理为指导,运用供应链管理的方法,对南水北调工程水权和水市场相关问题进行了系统研究。邓敏等(2012)基于适应性与多主体合作的角度,提出水资源适应性治理和多中心合作模式,该模式提升了水权转让方案的灵活性和个体合作积极性,改进各主体收益并降低交易成本。

从已有的研究成果看,大多数经济学者都热衷于从宏观上探讨水资源市场化配置的必要性问题,并提出了水资源市场化配置的若干方案,部分研究对市场化配置方案效果进行了仿真模拟,上述研究往往忽略了水资源市场化配置的可行性问题;从研究的水权内容看,主要以水使用权为主,缺乏对水使用权和水经营权的综合考虑,而中国的水短缺问题不仅是水使用权配置机制的不合理,而且也是水经营权配置机制的不合理;从研究所采取的方法论来看,大多数经济学者以定性的实证研究和规范研究为主,缺乏定量的实证研究。

1.3 研究目的及意义

1.3.1 研究目的

本书以科学发展观为指导思想,根据水资源产权的特点,从水使用权和水经营权的角度着手，利用新制度经济学、管理学、法学、系统科学和水资源学等方面的基本理论，以及定量和定性相结合的方法，兼顾效率与公平的原则，重点研究了两方面内容：一是中国水管理制度变迁的实现方式，二是基于市场机制的水管理模式，即基于市场机制的水使用权管理和基于市场机制的水经营权管理，试图在宏观层面和微观层面上为中国当代的水管理市场化改革提供理论依据和对策建议。

对于本书第一个研究内容的研究是结合中国水管理制度变迁的特点，通过演化博弈的方法建立水管理制度变迁模型来研究中国水管理制度变迁的实现方式，并且运用该模型对当代中国水管理手段创新及实现方式进行探讨，以求在宏观层面为当代中国水管理改革提供理论上的指导。

对于本书第二个研究内容的研究是根据水资源产权层次性和可分性的特点，建立了基于水权的水管理制度分析模型概化实际的水管理问题，并分别对基于市场机制的水使用权管理和水经营权管理进行探讨，即对基于市场机制的水管理模式进行探讨，以求在微观层面为当代中国水管理市场化改革提供理论上的指导和实践上的借鉴。

1.3.2 研究意义

当代中国水管理制度变迁及市场化模式的出现并非偶然，它是自20世纪80年代以来，全球性的水短缺、生态环境恶化和生存危机等问题给人们带来的一种理性思考的结果，也是对中国长期高度集中的计划经济体制下以行政手段配置水资源而导致的一系列问题深刻反思的结果。传统的计划经济体制不仅使水资源正常更新的资金来源被人为地阻断，而且也造成水资源产品价格的长期严重扭曲。随着中国社会主义市场经济体制的确立和逐步完善，尤其是以产权理论为核心的现代企业制度的建立，使水管理有必要采用市场化模式管理，因此也要求我们尽快加强对基于市场机制的水管理模式的研究。

1.在市场经济条件下水权是水资源的有效描述

朱淑枝(2004)、肖国兴(2004)、程承坪等(2005)以及傅尔林(2004)等认为“水资源”与“水产权”是既有联系又有区别的两个概念。前者反映人与自然的关系，属于生产力范畴，而后者反映人们在开发、转让、消费水资源的过程中所形成的人与人之间的利益关系，属于生产关系范畴。但是在市场条件下，水资源的开发、利用和保护更多地体现了人与人之间的关系，基于水权的水管理标志着人类社会的治水模式从“技术”层面上升到“制度”层面。

2. 制度的缺陷——对水短缺问题的思考

水问题产生的成因尽管是多方面的，但在诸多因素中，制度的滞后或缺陷，无疑是其中一个非常重要的因素。正如诺思和托马斯(1999)所说，经济增长的关键在于制度。各国的经济发展历史(Auty R. M.，1990；Sachs J. & Warner A.，1995、1997、2001；Matsuyama，1992；Sonin K.，2003)也充分表明，资源的多寡并不妨碍经济增长以及个人收入水平的提高，关键在于资源配置的制度安排。换言之，水短缺问题本质是水管理制度的稀缺。

3. 制度的作用——对解决水短缺问题的深层次思考

根据科斯定理，在交易费用为零时，资源配置不需要制度的作用；当交易费用为正时，制度安排对资源配置及其产出构成具有重要影响。现实经济中，制度发挥着重要作用，同样，制度在水资源配置中也起到重要的作用。从根本上说是制度确立了其相关各方行为选择的规则，形成了一个社会的约束和激励结构。有效的制度能够使人们行为的责权利有机地结合起来，实现个人效益与社会效益的统一。制度对经济发展的重要作用还突出地表现在有效的制度安排能够降低经济活动过程中的交易成本。交易成本主要是由于外部信息的不确定和人的机会主义行为倾向造成的。制度安排首先是通过形成人们之间稳定的行为结构来降低不确定性，减少人们行为选择的信息成本和风险成本，同时，提高对人的行为有效约束，降低人们机会主义行为倾向，减少监督成本和违约成本等。有效的制度安排通过降低交易成本，不仅提高了具体经济活动的效率和收益，同时，也激励了人们对经济活动投入的积极性，促进经济社会的不断发展。尽管水资源的稀缺性是客观存在的，但是制度的选择是克服水资源稀缺性的重要路径选择。

4. 制度缓解社会冲突，促进和谐社会建设

由于社会上存在着不同的利益需求和不同利益主体之间的利益冲突，社会并不是一个整齐划一的集合体，而是充满矛盾、充满冲突的场所。在水资源相对短缺的情况下，各种利益群体总是处于不断分化、组合之中，往往发生矛盾和冲突。为了不使这种矛盾和冲突对社会造成破坏，制度为社会成员提供社会关系的规范、行为准则，人们按照这些规范行事，就能使整个社会的关系表现得结构完整，活动有条不紊，各方面配合默契，整个社会机体运转灵活。社会关系一旦失调，社会机体失灵，就会造成社会的混乱。运用制度解决矛盾和冲突的过程即社会整合的过程。由此形成的“稳定和秩序”是各种力量互动的平衡点，是整合的结果，蕴含了社会已经达到或能够达到的整体力量。

1.4 研究方法及主要内容

1.4.1 研究方法

1. 规范分析与实证分析（斯蒂格利茨，2000）

规范分析和实证分析是经济学研究的基本方法。本书将在一般规范分析的基础上，运用大量调研的资料和文献资料说明规范分析的过程和结果，以助于形成真实的理论判断。所谓规范分析方法，就是以一定的价值判断为基础，提出某些标准作为分析问题的尺度，建立分析的前提，作为制定经济、社会政策的依据，并研究如何改进才能符合这些标准。规范分析主要回答“应该是”什么。本书中对水管理制度安排、政策取向的论述应用的是规范分析方法。实证分析的方法，就是对现实经济社会问题与现象进行实际分析或考察，通过对相关定性资料和定量资料进行处理，对假说进行证实或证伪。实证分析主要回答“是”什么。本书通过实证研究来验证水管理制度变迁的轨迹和方向，从而为制度安排提供实践基础。

2. 案例分析与观点综合

案例分析是制度分析中最有效的方法之一，通过案例分析，可以鲜明有力地证明理论。汪丁丁在给巴泽尔所著的《产权的经济分析》一书所写的《中译本序》中讲到(巴泽尔，2003)："一个精心寻找的实例往往提供了比任何一种理论模型都丰富得多的内容。是案例引导制度经济学家思考，而不是制度经济学家的思考引导他们去'炮制'案例。"把案例分析提炼出来的理论，再放到更大的范围(更长的时间、更大的空间)中去检验，然后再上升为一般理论。这种理论思路的一个突出特点是具体的经验研究，即将各种不同的制度的经济分析理论，通过相关的案例在经验层次上具体化。正是在这种意义上，可以认为，没有案例的、经验的研究，就谈不上制度研究，没有案例的、经验的研究就不可能使制度经济学分析脱离哲学的窠臼。

观点综合是经济社会现象研究的一种基本方法，对水管理问题的研究也应采取观点综合的方法。但观点综合的前提是问题分析，所谓问题分析就是运用社会学、经济学、管理学的知识去理解、分析、透视社会现象，并揭示社会现象的深层次动因，以便为新的制度安排或政策设计来干预社会现象的发展过程提供基础。观点综合的方法，就是在问题分析的基础上，以"高屋建瓴"、"总揽全局"、"战略"的方式对事物的全貌和问题的总体进行把握，得到事物整体运行规律，避免问题分析得出的局部结论的片面性。

在水管理制度研究中，案例分析和观点综合相互作用、相互补充。案例分析为观点综合提供素材，反来综合的观点来指导实际的案例分析。应将两者结合起来，相互促进，即用案例研究的成果丰富理论研究，用理论研究的成果指导实践，形成较好的案例典范。

3. 宏观分析与微观分析

中国水管理制度变迁的研究属于一项宏观研究，所以本书通过建立水管理制度变迁模型来研究中国水管理制度变迁的实现方式，并且运用该模型对当代中国水管理手段创新及实现方式进行探讨，以求在宏观层面为当代中国水管理改革提供理论上的指导。但是，基于市场机制的水管理模式的研究则属于一项微观研究，本书通过对基于市场机制的水使用权经济分析、基于市场机制的水经营权的经济分析和效率评价对水管理的市场化模式进行考察。宏观研究和微观研究的结合将对当代的中国水管理手段创新具有更加深刻的指导意义。

1.4.2 相关概念辨析和界定

1. 水资源

对于水资源的定义，不同的国家有不同的解释。如在《英国大百科全书》中，水资源被定义为“全部自然界任何形态的水，包括气态水、液态水和固态水”。在《中国大百科全书》中则认为人类可利用的水资源主要是指“某一地区逐年可以恢复和更新的淡水资源”。目前比较公认的是1977年联合国教科文组织（UNESCO）和1988年世界气象组织（WMO）给出的水资源定义：“可供利用或可能被利用，具有足够数量和可用质量，并且可适合对某地为对水资源需求而能长期供应的水源”。通常使用的水资源的概念，一般指陆地上每年可更新的淡水资源，包括地表水和地下水，我国《水法》即如此界定水资源。水资源的管理必须以水资源的自然属性和开发利用的方式、特点及对环境和社会的影响为前提。

(1)水资源的自然属性（胡振鹏等，2003）

①流动性。受地球引力的作用，水从高处向低处流动，由此形成河川径流。河川径流是大气水循环的重要环节。这一特点，为人类开发利用水资源提供了方便，也增加了水资源管理的困难。

②不均衡性。虽然地球上每年的降水基本上是一个常量，但由于受气象水文要素的影响，水资源的产生、运动和形态转化在时间和空间上呈现出不均衡性。比如中国水资源在地区分布上也极不均衡，与人口、土地、矿产资源、经济建设的分布不相适应，呈现出东南多，西北少，沿海多，内陆少，山区多，平原少的特点；在同一地区中，不同时间分布差异性很大，一般是夏季多，冬季少。

③易污染性。水体是一个开放的系统，外来污染物很容易进入。但是，水体的自净能力有一定限度，当污染物负荷超过一定限度，容易造成污染物的存留。当水体中外来物质超过一定浓度，不能满足某一用途的正常水质要求，就形成了水体污染。水体一旦污染，影响范围广，危害很大。

④利害双重性。天然来水太少，发生干旱灾害，水则成为宝贵的资源；水太多，则造成洪涝灾害，危及人类的生命财产和陆地生态系统，损害生态环境。

(2)水资源的开发利用特点

①稀缺性。随着工农业生产的发展，人们对水资源的需求量越来越大，导致天然水资源时空供给与人类需求的不匹配，水资源供给出现短缺。

②功能多样性。水资源既是生活资源又是生产资源，具有多种功能，不仅被广泛用于农业、工业和生活，还被用于发电、水运、水产、旅游和环境改造等方面，可以满足人类不同的需求。

③不可替代性。水是自然生态系统的基本要素，也是自然生态环境系统中最活跃、影响最广泛的因素。水资源在人类生活、维持生态系统完整性和物种多样性中所起的作用是任何其他自然资源都无法替代的。它不仅是人类及其他一切生物生存的必要条件和基础物质，也是国民经济建设和社会发展不可缺少的战略性资源，是国家综合国力的有机组成部分。

水资源的这些特殊自然属性和开发利用特点，对水资源的管理提出了特殊要求。第一，水资源管理追求“水安全”，包括包括饮水安全、防洪安全、粮食生产安全、经济用水的安全和生态环境的安全；第二，水资源管理的公平性和社会可接受性也需要重点关注；第三，水资源管理只有在保障安全、公平分配和社会可接受的前提下，才能最大限度地追求水资源利用的效率(王亚华，2005)。另外，本书在概念称谓上，“水”等同于“水资源”。

2.水权

水权是水事活动中有关各方权利关系的总和。一般意义上的“水权”是一个比较笼统的概念，凡是涉及与水有关的权利的拥有、转让、变更、消亡等方面的事项可视为水权问题。水权的概念是水权制度的核心和水权理论的基石，是研究水权问题的起点。因此，要构建科学的水权理论并运用水权理论解决实际的水管理问题，首先必须弄清水权概念的内涵和外延，对水权概念进行科学的定义。

从民法意义上来讲，所有权是财产权的一种，它包括四项权属，即占有权、使用权、收益权和处分权。关于水权的基本概念，不同学者从不同角度出发有着不同的理解，归纳起来主要有三种观点（王浩等，2004）：一是以裴丽萍、王浩等为代表的“一权说”，认为水权是水资源的非所有人依照法律的规定或合同的约定所享有的对水资源的使用权或收益权；二是以汪恕诚为代表的“二权说”，认为水权主要是指水资源的所有权和使用权；三是大多数国内学者所持的“多权说”，认为水权是包括水资源所有权和使用权在内的一组权利。综观上述学说，三种对水权的定义最大的分歧在于：是否将水资源的所有权包括在水权范围内。持“一权说”观点的学者强调水权交易是水权制度的核心，但忽略水权的完整性及水所有权的基础地位。持“二权说”观点的学者认识到水资源所有权纳入水权概念范畴的必要性，又认识到作为一项法律上的权利，水权的概念必须明确具体，因此水权只能指水资源的所有权和使用权，但缺乏所有权如何实现使用权管理的认识。持“多权说”观点的学者虽然明确了水权是一组权利组合的概念，但缺乏对水权各种权利间关系的认识。

本书认为水权应该主要包括水资源的所有权、经营权和使用权这三项基本权利，以及与水资源管理有关的配置权、经营特许权和监督权。所有权、经营权和使用权其权属主体分别为国家、企业和消费者，彼此间虽相互联系，实质上却相互分离的。

3.基于水权的水管理

根据上面对水权的定义，水权主要包括水资源的所有权、经营权和使用权这三项基本权利。基于水权的水管理指的是用水权对水资源开发、利用和保护过程中的权属关系进行一个描述，然后通过对这三项权利的管理以实现水管理的目标。与水权的三种基本权利相类似，基于水权的水管理主要包括三种基本类型，即水使用权的配置管理、水经营权的配置管理以及对上述两个配置过程的监督。另外，本书在概念称谓上，“水管理”等同于“水资源管理”。

(1)水使用权配置管理

水资源的配置是分配与处置的总称，是国家对水资源所有权和使用权进行管理的基本权力。水资源的所有权只有通过配置，才能实现向使用权的转变，而配置的合理与否不仅关系到水资源利用的效率与效益，也关系到不同消费群体的切身利益和社会公平，水资源的配置权兼有环境、经济、社会和政治等多重属性，是水管理的核心。在我国《水法》中明确规定水资源的所有权由国家所有，并由国务院代表国家行使。行使什么？本书理解主要是指行使水资源的配置管理。因此，水资源配置管理的行为主体是国务院（或国务院授权的有关机构），而管理的客体是水资源的使用权，水资源配置结果的法律地位通常以“取水许可证”的形式予以确认。也就是说，我国水资源配置管理的实质是水使用权配置管理。

从公共组织或公共代表的角度来说，配置管理是公共组织或公共代表通过组织协商和签订协议的形式把具有一定数量和质量的水资源从公共领域中配置给特定的用水集团或用水个人的权利。从用水集团和用水个人的角度来说，使用权是该用水户在一定的水资源流域或区域中，根据自身拥有的现实人口数量、资源状况、经济发展潜力和水生态环境状况等因素，对具有一定数量和质量水的获得和消费的权利。因此，配置权是连接所有权和使用权的桥梁，是建立水资源优化配置和借助市场机制提高水资源使用效率的基础和前提。水资源的配置管理，不仅可以在水资源总体缺乏情况下优化且合理使用和高效率配置，也可以在水资源超量出现乃至形成水灾的情况下，体现在有关各方应对于总体灾情的自身减灾方案和彼此间利害关系转换的方法与措施之中。

（2）水经营权配置管理

水经营权配置管理是对水经营权进行组织、协调、控制等一系列过程。由于水是自然垄断商品，也是准公共物品，水对所有的消费者来说，都是必不可少却又常常不可选择的。因此，从维护社会公平公正考虑，水的经营应该是政府行为，水的经营权专属于政府，因为政府最能代表广大人民的利益。但从效率原则和现实情况考虑，政府又难以直接担当此任，而常常把这一专属的经营权通过特许的方式委托给合适的企业（或机构）去经营。很显然，特许权的行为主体是政府（或政府委托的有关部门），而管理的对象是水资源的经营权，特许行为的法定表现形式是政府与被委托企业之间签署的“委托经营合同”，若被委托的企业有违约行为，政府可按合同对其进行处罚并取消其经营资格，收回经营权。

(3)水使用权和经营权配置的监督

水使用权和经营权配置的监督也是水管理中的一项必不可少的内容,监督的主体应该是接受水产品和服务的群体,监督的主要对象是行使水使用权和经营权配置管理的机构,监督的主要内容是这些机构管理的行为及其后果。监督的作用:一是保证水资源分配公平、公正、合理,不出现权利滥用和腐败行为;二是确保水资源使用方式、方法在既符合自身发展需要的同时,又不危害他人及子孙后代的利益。

4. 制度

目前,制度概念在理论界尚存分歧,为了准确把握这一概念,有必要对几种主流的"制度观"作简要的回顾和评述。康芒斯(1997)认为,制度就是"集体行动控制个体行动"、"集体行动的种类和范围甚广,从无组织的习俗到那许多有组织的所谓'运动中的机构'"。诺思(2002)则认为"制度是一系列被制定出来的规则、守法程序和行为的道德伦理规范,它旨在约束追求主体福利或效用最大化的个人的行为"。诺思意义上的制度大体上可划分为三种类型:宪法秩序、制度安排(是指"约定特定行为模式和关系的一套行为规则")和行为的伦理道德规范(杨瑞龙,2001)。T. W. 舒尔茨将制度定义为"一种行为规则,这些规则涉及社会、政治及经济行为",包括:"用于降低交易费用的制度(如货币、期货市场)";"用于影响生产要素所有者之间配置风险的制度(如契约、分成制、合作社、公司、保险、公共社会安全计划)";"用于提供职能组合与个人收入流之间联系的制度(如财产,包括遗产法,资历和劳动者的其他权利)";"用于确立公共产品和服务的生产与分配框架的制度(如高速公路、飞机场、学校和农业实验站)"(R. 科斯、A. 阿尔钦、D. 诺斯等,2002)。可见,T. W. 舒尔茨把制度概念界定成了正式规则和实施这些规则的组织机构的集合。V. W. 拉坦认为一种制度通常是"一套行为规则,它们被用于支配特定的行为模式与相互关系","制度的概念将包括组织的含义",因为"一个组织所接受的外界给定的行为规则是另一组织的决定或传统的产物"(R. 科斯、A. 阿尔钦、D. 诺斯等,2002)。青木昌彦(1999)认为制度是"关于博弈如何进行的共有信念的一个自我维系系统",其本质是"对均衡博弈路径显著和固定特征的一种浓缩"。汪丁丁将

"制度"界定为"人与人之间关系的某种'契约形式'或'契约关系'",任意两人之间的某种契约关系可用如下方式描述:第一,"规则,或正式的规则",包括:"界定两人在分工中的'责任'的规则";"界定每个人可以干什么和不可以干什么的规则";"关于惩罚的规则";"'度量衡'规则"。第二,"习惯,或非正式的规则"(盛洪,2003)。这一观点在一定意义上是对制度概念的具体化。奥斯特洛姆(2000)认为,制度可以被定义为"一组运行规则,它们是用来决定在一些场合谁有资格作出决策,什么行为是允许的或被限制的,什么样的一组规则可以被采用,应该遵循什么样的程序,必须或不必提供什么信息,应该如何根据个人的绩效制定支付条件,所有的规则包括禁止、允许或者要求某种行为或结果这样一些条件"。

从制度经济学角度来看,研究兴趣不仅仅在于制度的性质,而且还在于如何使得制度成为一般经济模型的重要组成部分。制度既是博弈规则,又是博弈均衡(青木昌彦,2003)。制度是在一个与博弈参与人有关的领域中产生的,是在那个领域中产生的博弈均衡,并在这一个博弈中作为参与人的博弈规则。在新制度经济学的分析框架中,制度有着十分丰富的内涵:①制度与人的动机、行为有着内在联系。制度是一个社会的游戏规则,更规范地说,它们是为决定人们的相互关系而人为设定的一些制约(诺思,1994)。人理性追求效用最大化是在一定的制约条件下进行的,这些制约条件就是人们"发明"或"创造"的一系列规则、规范等。如果没有制度的约束,那么人人追求效用最大化或福利最大化的结果,只能是社会经济生活的混乱或者低效。②制度是一种公共品。制度作为一种行为规则,并不是针对某一个人的。但制度作为一种公共物品,又与其他公共物品是有一定的区别:一是一般公共物品都是有形的,而作为公共物品的制度则是无形的,它是人的观念的体现以及在既定利益格局下的公共选择,或者表现为法律制度,或者表现为规则、规范,或者表现为一种习惯、风俗。二是一般公共物品不具有排他性,但作为公共物品的制度,则可能具有排他性,如对多数人有益的制度可能对少数人并不利。③制度是如何被建立起来的。在一个极端,制度据说是基于自利的个体"自发"产生的,但在另一个极端,制度据说是人为设计的一种产物。一些权威具有完全的理性,能够引入被认为是合适的某种具体的制度结构。

综合上述各种“制度观”，在制度经济学理论体系中，制度概念主要有三种含义：一是“规则论”。即制度是游戏规则，它禁止、允许或要求某种明确的行动。二是“组织论”。即制度明确等同于特定参与人，诸如行业协会、技术协会、大学、法院、政府机构等。三是“规则＋组织”论。即制度不仅是一种游戏规则，而且也涵盖了实施规则的组织。本书在研究中采纳第三种含义，即制度是规范人们行为的规则以及实施这种规则的组织机构。其中，作为制度内容的规则又包括正式规则和非正式规则两类。正式规则由法律规则和政策等具体的制度安排组成；非正式规则则由习俗、礼仪、风俗习惯和意识形态等组成，其中意识形态处于核心地位。

1.4.3 技术路线及主要内容

本书的基本思路及其技术路线是从中国水资源短缺的基本事实为切入点的。随着工业化和城市化进程的加快，水资源越来越成为稀缺资源，水资源的供求矛盾日益加剧，水资源短缺越来越成为制约经济社会发展的重要因素。解决中国水短缺问题的根本途径无非是两条：一是技术创新，二是制度创新。从技术角度研究水资源供给的扩大主要有三个途径：一是远距离调水，二是污水回用，三是海水淡化，但是这三个途径成本过于昂贵，可行性受到约束；从技术角度研究需求侧的解决途径主要是推广节水技术，但是用水主体缺乏内在激励动力，出现技术失灵。因此，技术创新不能解决效率和激励问题。在中国传统治水体制下，解决水短缺问题主要依靠技术创新，结果往往是资金投入大、工程运作效率低、水资源短缺严重、用水浪费严重的恶性循环。针对以上问题，作者认为：水资源短缺表面上是水资源不适应经济社会可持续发展的需要，实质是水管理制度长期滞后于经济社会发展的需求的累积结果，是水管理制度的危机；有效应对水短缺问题的根本出路在于水管理制度的创新，由此引出本书对两个问题的重点讨论：一是在宏观层面上，中国水管理制度变迁如何实现，动因是什么？二是在什么条件下基于市场机制的水管理模式是有效率的，也就是说，在什么条件下基于市场机制配置水使用权和水经营权是有效率的？试图在宏观层面和微观层面上为中国当代的水管理市场化改革提供理论依据和对策建议。

对第一个问题的讨论，作者首先采用规范分析的方法，建立了水管理制度变迁模型来研究中国水管理制度变迁的实现方式，并且运用该模型对当代中国水管理手段创新及实现方式进行探讨，以求在宏观层面为当代中国水管理改革提供理论上的指导。

对第二个问题的讨论是基于水资源产权层次性和可分性的基础上展开的，作者建立了基于水权的水管理制度分析模型概化实际的水管理问题，重点对基于市场机制的水使用权管理和水经营权管理进行了研究，以求在微观层面为当代中国水管理市场化改革提供理论上的指导和实践上的借鉴。

本书共分八章，技术路线详见图 1-1，其主要内容是：

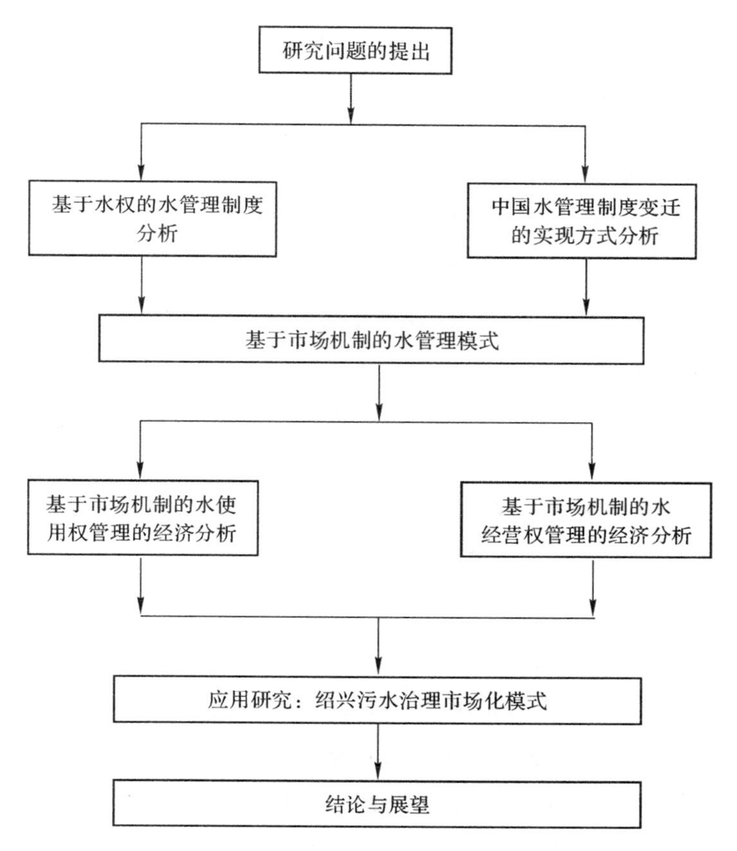

图 1-1　中国水管理的市场化模式研究技术路线

第1章，绪论。阐述选题的原因和研究对象，综述国内外相关的水管理制度研究成果，界定相关概念、确立本书研究方法，介绍本书的研究思路，概述本书结构及主要内容。

第2章，基于水权的水管理制度分析。本章首先对经典的产权结构分类方法进行回顾，进而提出了水资源产权的层次结构属性。第二，根据水资源产权的层次性和可分性的特点，提出了基于水权的水管理制度分析模型，用于描述复杂的水管理制度，以及概化复杂的水管理问题。第三，对水管理制度的评价标准问题进行了探讨。

第3章，中国水管理制度变迁实现方式分析。本章则主要采用演化博弈的方法构建水管理制度变迁模型来研究中国水管理制度变迁的实现方式，并且运用该模型对当代中国水管理手段创新及实现方式进行探讨。

第4章，基于市场机制的水使用权管理的经济分析。在产权模型框架下，重点研究了三个问题：一是以楠溪江渔业资源整体承包为例研究了基于市场机制的水使用权初始分配，发现保证水使用权排他性的高成本是该案例失败的主要原因；二是以东阳—义乌水使用权交易为例研究了基于市场机制的水使用权再分配，发现上级政府的支持保证水使用权排他性、可交易性是该案例成功的主要原因；三是根据水资源具有多重属性的特点，通过对科斯定理、巴泽尔的产权理论及基于市场机制的水使用权初始分配和再分配的研究结论，推论出基于市场机制的水使用权管理的适用领域及适用条件。

第5章，基于市场机制的水经营权管理的经济分析。重点研究了三个问题：一是运用委托—代理模型对基于市场机制的水经营权管理进行了经济分析；二是对中国当代三个城市的城市水业特许经营失败的案例进行分析，认为合同中的风险分配不平等是导致特许经营失败的直接原因；三是在上述研究的基础上提出完善基于市场机制的水经营权管理的对策建议。

第6章，基于市场机制的水经营权管理的效率评价。对于基于市场机制的水经营权管理的效率评价主要通过定量的方式予以研究，研究的目的是寻找影响水经营权管理效率的影响因素，进一步加深对第五章理论和定性研究的认识，从而为实践中的水经营权管理市场化改革提供理论依据。

第7章，应用研究：绍兴污水治理市场化模式。重点研究浙江省绍兴污水治理系统如何通过基于市场机制的排污权管理和基于市场机制的经营权管理解决或部分解决排污权的排他性，经营权的激励和监督问题，从而走出了一条成功的污水治理市场化模式，以及政府在污水治理市场化模式中所起的作用。

第8章，结论与展望。对本书的主要结论进行归纳，提出基本结论、主要特点和可能的创新点，展望有待进一步研究的问题。

第2章　基于水权的水管理制度分析

“产权”是法学和经济学中的一个重要概念，指的是在资源稀缺条件下，人们使用资源的适当规则。菲吕博腾等(1972)认为，产权不是指人与物之间的关系，而是指由物的存在及关于它们的使用所引起的人们之间相互认可的行为关系，而且它是一组相关的权利束，具有可分割性的特点。水资源的产权结构非常复杂，不仅大大不同于普通的经济资产，在自然资源中也是极为复杂的一种。为此，本章首先对经典的产权结构分类方法进行回顾，进而提出了水资源产权的层次结构属性。其次，根据水资源产权的层次性和可分性的特点，提出了基于水权的水管理制度分析模型，用于描述复杂的水管理制度。再次，对水管理制度的评价标准问题进行了探讨。本书所研究的水管理制度是各种决策实体在水资源使用和经营中相互权利和义务关系的总和，也可理解为以水使用权和经营权为核心的相关权利束在真实世界中的实现形式或分布形态。

2.1 水资源产权的层次结构

2.1.1 产权结构的分类方法[①]

1. 产权结构的两分法

从人对物的占有关系的形式规定看，公有产权与私有产权的基本区别是占有主体人数上“一”与“多”的区别：一人为私，多人为公。但“多”字是一个模糊概念，两个人三个人算不算多，究竟多少人算是公产主体的最低标准？事实上现代社会的家庭人数大多在三至五人，法律承认家庭成员对财产的共同共有，但没有一个经济学家会把家庭“共有财产”的当作共有产权来研究。看来问题并不仅仅在于人数。

亚当·斯密以来的主流经济学家所推崇的最有利于国民财富增长的产权结构，是对应于市场机制的私有产权。其实，亚当·斯密的观点隐含了交易成本为零这个前提条件，否则私有产权不一定是最有利于国民财富增长的产权结构。巴泽尔认为个人对资产的私有产权由消费这些资产、从这些资产中取得收入和让渡这些资产的权利和权力构成；但是，私有产权的有效性则取决于转让、获取和保护此项权利的交易成本，由于现实生活中信息成本等构成的交易成本的存在，一项权利都不可能被完全界定；没有界定的权利于是把一部分有价值的资源留在了“公共领域”，因此防止个人侵吞“公共领域”的制度安排是有效率的(巴泽尔，2003)。由于交易成本的存在，现实中产权往往受到某些限制，使得私有产权被削弱。如城市土地使用中城市规划的制约，开发时限的制约(不得长期闲置)；项目建设中对环境污染的限制，对资源利用效率的要求，等等。近来公司理论中讨论较多的公司立法新动向——“利益相关者”参与公司决策问题——也可以看作是私有产权受到制约的例子。

---

① 本书对产权结构分类方法的综述，部分参考王亚华. 水权解释. 上海：上海人民出版社，2005：105—111.

共有产权从本质上看，是留在了“公共领域”的一部分有价值的资源；从形式上由多个实体共同拥有；从概念上看，公有产权与私有产权是两种截然相反的制度安排，是产权制度中完全对立的两极。在早期的经济学文献中，非私有的产权都被归入共有产权，共有产权常被用来专指自然资源的产权特征。早在1954年，斯科特·戈登在一篇经典性的文章《渔业：公共财产研究的经济理论》中将产权结构划分为私有产权和共有产权，并指出渔业资源共有产权的特征导致“资源破坏”和“过度利用”（Gordon H. Scott，1954）。1968年，加勒特·哈丁（Hardin G.，1968）在《科学》上发表的文章《公共悲剧》将这一现象称之为“公地悲剧”，“公地悲剧”是一个形象的比喻，它意味着任何时候只要许多个人共同使用一种稀缺资源，便会发生资源系统的退化。张五常（2000）将“公地悲剧”这一现象称为共有产权的“租金消散”，即由于没有排他使用权，人人争相使用共有资源，会把其租金的价值或净值降为零。现在“公地悲剧”已经被用来描述越来越多的各种各样的问题，比如酸雨问题、都市犯罪问题、森林乱砍滥伐问题、河流污染问题、地下水过度开采问题等。

本书认为私有产权由个人可以有效消费这些资产、从这些资产中取得收入和让渡这些资产的权利和权力构成；而共有产权是指没有界定权利而留在“公共领域”的一部分有价值的资源，从占有形式上看，主要由多人占有。

2. 产权结构的多分法

在20世纪70年代到80年代，简单的两分法受到了许多批评，许多学者认为将非排他性产权都归为共有产权过于简单，不能涵盖政府拥有产权、集体产权等情形。这就导致了对共有产权进行进一步细分的需求。Bromley(1989)提出了产权“四分法”，并对其进行了明确的定义和详细描述，这一分类仍旧是根据权利持有主体的性质进行划分，包括开放利用、国有产权、集体产权和私人产权，这一分类方法可以用表2-1表示。

表2-1　产权结构的“四分法”

	开放利用	国有产权	集体产权	私人产权
用户进入限制	对任何人开放	由国家代理机构决定	有限的和排他性的团体	个人
资源利用限制	无限制	由国家代理机构决定	由共有协议决定	个人决策

科斯等(1994)认为,私有产权是对必然发生的不相容的使用权进行选择的权利的分配;政府、公众或共同体产权的性质确实依赖于政府的形式,一个民主社会的政府产权类似于股东分散的公司产权;共有产权不允许对其他方面的私有产权的利益实行匿名的让渡,一个“共有”成员只有在得到其他共有成员或他们的代理人的许可后才能将他的利益转让给其他人。经济学家根据竞争性和排他性这两个指标,将所有的物品产权分成几种类型:同时具有非竞争性和非排他性的产权就是公共物产权,同时具有竞争性和排他性的产权就是私人产权,只有排他性而无竞争性的产权称为俱乐部产权,只有竞争性而无排他性的物品称为集体产权(刘宇飞,1999)。上述几位学者提到的产权结构是离散的,更多的学者认为,在现实中产权结构可能是连续的。李金昌(1993)提出不同自然资源的产权结构其实是一个谱系,即从独占性资源资产到公共性资源资产的一个谱系。荣兆梓(1996)认为公有产权与私有产权之间存在着一个以劳动平等实现程度为量标的连续的谱系,一个由量变到质变的完整过程。张五常(2000)指出,产权结构存在不同的形式,私有产权和共有产权是产权安排形式的两个极端,大多数产权安排处于这两者之间。

3. 产权结构的层次分类方法

20世纪90年代以来,学者们对产权结构的复杂性获得进一步的认识。特别是对自然资源产权等共有产权的研究取得了长足的进步,这很大程度上取决于新制度经济学方法在共有产权领域的应用。Edella Schlager 和 Eliner Ostrom(1993)将共有产权划分为五种权利:进入权、提取权、管理权、排他权和转让权,并指出参与者很多情况下只拥有权利束的部分内容,根据拥有权利束的不同,可将参与者划分为四类:拥有所有权利的参与者是所有者,拥有其他四种权利但不拥有转让权的参与者是业主,只拥有管理权、进入权和提取权的参与者是索取者,只有提取权和进入权的是授权用户。进而奥斯特洛姆和她的同事在此基础上,提出了产权的多层次分析方法。她认为宪法选择规则、集体选择规则和操作规则这三个层次规则决定产权,并且不同层次规则之间具有“嵌套性”,一个低层次的规则变动受制于更高层次的规则,所有的层次一起构成了“嵌套性制度系统”。澳大利亚的查林(Challen Ray,2000)在奥斯特洛姆的工作基础上,提出了“制度科层概念模型”,主要内容包括:第一,持有资源利用的决策实体的性质作为划分产权类型的依据;第二,对自然资源来说,产权有多层次性;第三,在每个产权层次上,管理自然资源开发利用的制度主要包括赋权制度、初始分配制度和再分配制度;第四,所有产权层次的叠加就成为一个科层系统,它是一个“嵌套性规则体系”。刘伟(2004)在奥斯特洛姆等提出的“嵌套性制度系统”的基础上,提出了水法、水政策、水行政构成的多层次水制度分析框架。王亚华(2005)在澳大利亚的查林提出的“制度科层概念模型”基础上,提出了“水权科层概念模型”。

总体上看,自然资源的产权结构的描述理论经历了三个发展阶段:第一阶段,20 世纪 70 年代以前非公即私的“两分法”阶段;第二阶段,20 世纪 70 年代到 80 年代的多分法阶段,主要包括离散性和连续性两种分法;第三阶段,20 世纪 90 年代以来,产权结构的层次分类方法,这一方法已经比较精确和接近于真实世界中自然资源产权特点,也是自然资源产权经济学领域研究的前沿。这一进展很大程度上归功于新制度经济学方法在自然资源领域的应用和创新。

2.1.2 水资源产权的层次属性

1. 水资源的物品属性

关于水资源的物品属性必须回答一个问题:水资源是自由物品还是资产?自由物品一般是取之不尽、用之不竭的;从价值论角度看它是没有价值的。因此,自由物品只要采取“即取即用”的方式利用就可以了。资产是指能够为所有者带来收益的有形或无形的物质。它具有三种特征:一是稀缺性。如果某种物质是取之不竭,用之不尽的,那么这种物质就无所谓资产。二是产生经济效益。这是所有者取得资源的根本目的。三是具有明确的所有权。资产必须有一个人格化决策实体,没有人格化决策实体,资产产生的利益无人控制,那么资产将不成为资产。

水是生命性资源、资源性资源、基础性资源、战略性资源,在社会经济生活中不可替代。水资源符合资产的三个特征:首先,水资源十分稀缺。

全球淡水资源的储量十分有限，且淡水资源的大部分储备在极地冰帽和冰川中，真正能够被人类直接利用的淡水资源仅占全球总水量的0.00768%（阮本清等，2001）。其次，水资源具有生活资料和生产资料的双重属性。一方面，水是最重要的生活资料，是生存环境的重要组成部分，包括人类生存与发展需要而必需的水资源，以及维持生态系统和水环境而必需的水资源，必须由社会（或政府）提供；另一方面，水资源又是生产资料，在利用过程中能够创造价值，如用于工业、农业和其他行业的用水。最后，水资源既具有地方公共物品特点（如环境用水，具有非排他性），又具有私人物品特性（如生产用水，具有竞争性），无论如何都可以给它安排一个人格化决策实体。因此，水资源一旦进入社会经济生活或生产领域就有可能成为水资源资产。

2.水资源资产的产权属性

水权是水资源资产产权的简称。产权是根据一定目的对财产加以利用或处置以从中获取经济利益的权利。因此，与此对应，水权也就是水资源资产的所有权、使用权、经营权等组成的权利束。对此需要说明三点：第一，水权在本质上反映人与人之间的经济权利关系，因此，这种权利关系的调整也要依靠人与人之间的互动，这种利益关系得到法律认可之后，就形成了法律上的水权关系；第二，水权是一组权利束，而不是单项的权利，尤其不能仅仅理解为狭义的所有权；第三，水权所内在的这组权利束是可以分解的，因此，不会因为水资源的国家所有而影响水权制度的改革。针对我国国情，“水资源属于国家所有”的性质是十分明确的，因此，水权制度改革中所要讨论的水权主要是以水资源的使用权和经营权为核心的相关权利束。

水资源体系有不同的层次，而且不同层次的水资源体系的决策实体往往也是不同的，如全球、全国、全流域、区域，农村的池塘、堰塘、沟渠、水井等，因此水权分类也就可以按水资源体系的不同层次来界定。水资源的复杂性还在于，不同层次的水权具有不同的产权属性。如矿泉水，以私人产权形式存在；江河湖泊中的水一般以公共产权形式存在，往往导致“公地悲剧”和“拥挤现象”。本书将按照水资源体系的层次特点将水权分为国家水权、区域水权、集体水权和私人水权，并根据排他性和竞争性指标来说明不同层次水权的产权属性。

国家水权是指在一国国境范围内的所有居民都可以享有的水权，在这一范围内，这种水权没有任何的排他性。这种水权一般由中央政府或者其派出机构直接管理。国家水权对于整个国家的居民都存在着开放性。但是由于水资源以流域为一个基本单位，不同流域地区居民对享用国家水权的成本是不同的，实际上不可能人人都来享用这些水权。因此，本书认为国家水权实质上是流域水权。

区域水权是指以行政区划为单位、由区域政府管理、在该区域范围内所有居民可以共同享有的水权。区域水权对区域外的居民和单位具有排他性，而对于区域内的居民没有排他性。但是，由于不同区域不仅水资源供给量不同，水资源需求量也是不同的。不同区域之间可能进行水资源的调剂。这时，区域政府管理部门可能成为区域水权的代表者，可能会作为一个经济主体参与水权市场。

集体水权是指在某个较小范围内由某个区域内组织或社团拥有的水权。这种水权对于集体内部成员没有排他性，而对于集体之外的成员具有排他性。多数情况下，集体水权由集体成员自主管理、通过社会机制进行配置或通过价格机制进行配置。

私人水权是指明确由某个用水户使用、支配和让渡的水权。这种水权具有最强的排他性。

综上所述，从国家水权、区域水权、集体水权直至私人水权，其开放性由强到弱直至无，其排他性由弱到强。当然在实际操作中，产权界定是要成本的，之所以即使需要成本也要作使产权具有排他性的努力，是因为随着水资源稀缺程度的提高，产权界定越明确，产权的价值就越大。

2.2 基于水权的水管理制度分析模型

在奥斯特洛姆、查林、刘伟、王亚华等的研究基础上，本书根据水资源产权可分性和层次性的特点，提出了“基于水权的水管理制度分析模型”，模型把水管理制度概化为制度目标、参与主体、参与主体间联结、运行制度四大构成要素，四大要素相互嵌套从而形成一个层次状的水管理制度结构。

2.2.1 基于水权的水管理制度的概化

基于水权的水管理制度主要由制度目标、参与主体、参与主体间联结和运行制度四大构成要素。

1. 制度目标

共同的目标是任何制度赖以存在的基石和开展活动的动力，水管理制度目标是治水活动的运作向导，在共同的集体目标引导下，安排实现战略所必需的资源、协调合作各方的经济行为。没有共同的目标，合作者既不可能识别联合的效能和意愿，也不可能知道行为是否会带来合作的收益。正因为合作各方的中心业务具有较高的一致性与契合度，才使得彼此能够携手共进。制度目标来源于合作个体的目标，又高于合作个体的目标，而且这一目标的实现仅靠独立个体是无法完成的，必须通过各方的精诚合作、倾情奉献才能变为现实。当代中国水管理制度目标是保障社会与经济发展对水安全的需求，具体可以分为五个层次：第一个层次是保障饮水安全，第二个层次是防洪安全，第三个层次是粮食供给安全，第四个层次是社会经济发展用水安全，第五个层次是生态环境安全。这五个层次的目标引导着当代治水活动的运作导向，实现这五个目标需要各个个体高度合作、同心同德的携手共进。

2. 参与主体及其功能

参与主体是构成水管理制度的基本要件，可以是独立的个人、社会服务组织或政府。按性质不同区分参与主体有同质与异质两种，同质主体功能相同或相近，具有替代性特征，同质主体间的合作往往是竞争性合作，表现为“竞合关系”；异质主体功能差别明显，具有差异性特征，异质主体间的合作多为互补性合作，表现为“和合关系”。基于水权的水管理制度具有三个参与主体，即提供主体、生产主体和需求主体。

(1)提供主体及其功能

提供主体是决定对服务的需求，安排并监督建造和维修设施，并为这些活动融资的主体，也就说是治水政策制定者和治水服务的组织者。水资源利用的提供主体是事实上拥有一项或多项水资源财产权利的决策实体，这些权利主要包括管理水使用权的权利和管理水经营权的权利。水资源利用的提供主体可以是自然人，也可以是法人，包括各级政府、事业单位、社会团体、自治组织、企业等。实践中，从国家到个人之间不同层次的提供主体都拥有一定的管理水使用权和管理水经营权的权利。水资源利用的提供主体的主要功能为管理水使用权和管理水经营权。水使用权的管理内容主要包括赋权体系、初始分配、再分配和补偿办法。水经营权的管理内容主要包括初始分配、再分配和补偿办法。同一层面的提供主体拥有相同的决策目标和决策内容，因而提供主体的功能具有类似的性质。不同层面的提供主体拥有不同的决策目标和决策内容，决定了各层面的提供主体的功能的不同。中间层次的提供主体既是提供主体，又是需求主体，同时兼备两种角色的功能。

(2)生产主体及其功能

生产主体是完成将投入变成产出的更加技术化过程的主体，它可分为直接生产主体和辅助生产主体(奥斯特洛姆，2000)。直接生产主体是通过直接与需求主体互动而将治水服务传输给需求主体的人，是架在所有权与使用权之间的一座“桥梁”，通过这座“桥梁”，抽象的国家所有权就被部分转化为具体的需求主体使用权。现实中，直接生产主体通常是开发和经营水资源的企业或机构，包括从事水资源的开发(建水库、打井)、输送(渠、涵)、加工(净水厂)和配水(管网)等活动的企业或其他机构。在市场经济条件下，这些机构的性质取决于它们的劳动及它们劳动的产出的交易效率。如果劳动产出的交易效率高于劳动，这些机构的性质应该是企业性质的，或者称为经营性的，这样比较有效率，其本质是产品市场替代劳动力市场。如果劳动的交易效率高于劳动产出，这些机构的性质应该是事业性质的，或者称为非经营性的，这样比较有效率，其本质是劳动力市场替代产品市场。辅助生产主体旨在帮助直接生产主体提供治水服务，它在生产辅助服务中不一定必须与需求主体发生互动，比如水利专业的学校培训活动、实验室分析等。

(3)需求主体及其功能

需求主体是需要和选择治水服务并为这些服务提供资源的个体的集合，由于水资源产权结构层次性的特点，上一层的需求主体到下一层就成了提供主体。需求主体主要功能是向提供主体具有委托或授权组织治水服务的提供，选择治水服务的提供主体，监督提供主体水使用权和水经营权的管理工作，并为治水服务的提供和生产提供稀缺资源。

3. 参与主体间联结

水管理制度并不是不同参与主体的简单叠加，而是通过一定的信息沟通方式和相互作用的依赖路径将不同参与主体串联起来，从而形成有机联系的水管理制度构架。参与主体间的联结方式主要有契约性联结与行政性联结两类。契约性联结包括合同、协议等经济性合约。行政性联结主要依靠上下级行政命令关系把各个参与主体间联结起来。如果按联结的内容来看的话，提供主体与生产主体主要通过水经营权而联结起来，提供主体与需求主体主要通过水使用权和水监督权而联结起来，需求主体与生产主体则通过治水服务而联结起来。需求主体、提供主体、生产主体三者之间的相互关系是一个闭合的网络回路。起点源于治水服务的某种需求，而后这种需求从需求主体传递到提供主体，再从提供主体传递到生产主体，生产主体传递到需求主体，完成一次循环。在前环推进后环的多次往复的循环中，形成总体激励的机制(见图 2-1)。

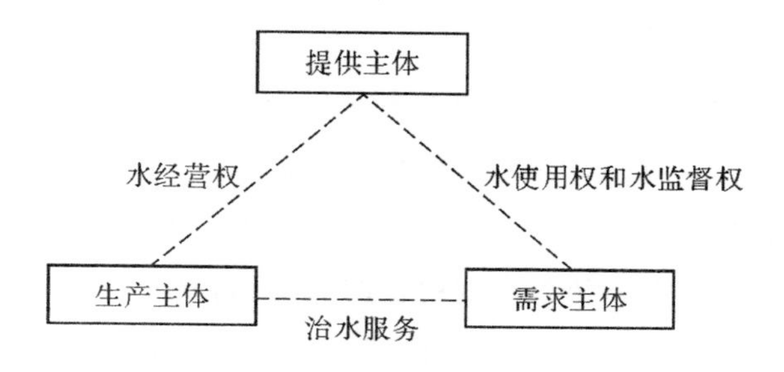

图 2-1　参与主体间联结关系

4.运行制度

运行制度是合作各方实现资源共享、优势互补所必须共同遵守的规则和约定，是水管理制度的运行基础，它包括运行规则、利益分配原则、参与主体进入与退出的条件，也包括团队文化等无形约束。虽然水管理制度具有高度的柔性与弹性，又是一个开放的系统，但是合作成员并不能随意进入与退出，而是在遵守共同行为规范的前提下，才有进入与退出的自主性与自决权。因而，运行制度是参与主体的活动规范和行为准则，它塑造了各个参与主体的经济行为并成为单个参与主体的约束力量。运行制度是水管理制度的调节器，制度到位就会对参与主体的行为发生有效的协调、约束与激励作用，从而使水管理制度处于良好的运行状态。反之，个体行为就会发生紊乱，也形不成有效的决策，治水活动就会扭曲变形。所以说，要保证水管理制度的有效运作，除合理构建水管理制度的结构框架之外，还有赖于运行制度的建立。王亚华(2005)提出的一个完整水权制度的框架，认为一个完整的水权制度应包括分配制度、实施制度和保障制度等三类制度；其中分配制度包括初始分配机制、再分配机制和临时调整机制；实施制度包括监督机制、激励机制和惩罚机制；保障机制包括协调机制、补偿机制和信息机制。根据水权的内容，分水使用权管理制度、水经营权管理制度和治水服务提供主体的管理制度三类来介绍水管理运行制度。本书借助王亚华水权制度的框架来分析水管理运行制度。

(1)水使用权管理制度

水使用权管理制度主要包括水使用权的分配制度、实施制度和保障制度。罗伊和詹姆斯认为水资源系统中有两个最基本的问题(Gardner, Ostrom & Walker, 1990)：占用问题和提供问题。占用问题也就是分配问题，提供问题也就是补偿问题，只建立一个能够产生持续激励的补偿机制才能有效地解决提供问题。也就是说，对某个层次的提供主体而言，实现水使用权的有效管理，解决好水使用权的分配和补偿问题尤为重要。下面我们将主要介绍赋权体系、初始分配机制、再分配机制(刘伟，2004；王亚华，2005)和补偿机制。

①赋权体系。赋权体系是水资源在需求主体之间被物理分割的方法，

主要包括“资源配额”和“投入配额”。“资源配额”是按照水量分配，规定不同的需求主体可以得到的水资源数量，俗称直接规定“用水指标”。“投入配额”是通过控制用以获取水资源的其他资源的投入达到间接分割水量的方式，比如说限制取水工程的数量、禁止高耗水农作物的种植等。

②初始分配机制。初始分配机制是水使用权在同级需求主体之间的分配方式，主要包括基于行政和基于市场这两类正式机制。在不存在正式的初始分配机制的情况下，水使用权主要通过非正式规则来自我界定和实施权利，比如“事实上”的初始界定、“自然势力”形成的初始权利分配格局等。

③再分配机制。随着经济社会环境的变化，各个需求主体的用水情况会发生变化，使得水使用权的调整变得必要。再分配机制是水使用权初始分配机制的补充机制，主要包括基于行政和基于市场这两类机制。

④补偿机制。补偿机制也就是水的需求主体向提供主体和生产主体所提供的服务或产品进行付费补偿的机制。一般来说，补偿方式主要分为直接补偿和间接补偿。直接补偿机制能够在一定程度上发挥价格杠杆的作用，体现提供的服务或产品的稀缺性，从而实现对需求主体的有效引导，但直接补偿机制的困难在于计量问题，有些治水服务很难进行投入—产出的归属，从而降低了直接补偿机制的作用和应用范围。间接补偿机制则反之，能够一定程度上避免计量问题，但揭示治水服务或产出的稀缺性方面相对较弱，缺乏价格机制的引导作用。

(2)水经营权管理制度

水经营权管理制度主要包括水经营权的分配制度、实施制度和保障制度。我们将沿用水使用权管理制度的分析框架，主要介绍水经营权的初始分配机制、再分配机制和补偿机制。

①初始分配机制。初始分配机制是提供主体将水经营权向不同生产主体之间的分配方式。可以归纳为基于行政的和基于市场的两类方式。行政方式是资源的提供主体依靠行政决策实现不同生产主体之间的水经营权的分配。市场方式是资源的提供主体利用价格机制在竞争的生产主体之间分配水经营权，理论上可以设计多种操作形式，例如拍卖、租赁、股

份合作、投资分摊等。

②再分配机制。随着经济社会环境的变化、政府行为或其他条件的变化，水经营权的内容也将发生变化，对持有水经营权的生产主体和任何可能的经营权购买者而言，水经营权的价值也必然发生变化，从而使得水经营权的调整变得必要。这就需要在初始水经营权分配的基础上，进行水经营权的再分配。水经营权的再分配机制同初始分配机制一样，也可以归纳为基于行政的和基于市场的两类方式。

③补偿机制。经营权的补偿机制就是指需求主体向生产主体的付费补偿过程。从补偿的方式来看可以分为直接补偿和间接补偿。直接补偿就是需求主体直接向生产主体付费，也就是一般所说的通过价格补偿。间接补偿就是需求主体通过提供主体向生产主体进行补偿，类似于提供主体代理需求主体进行集体采购，然后提供主体通过不同途径向需求主体进行收费，比如税收、行政事业性收费、基金等。

(3)提供主体的管理制度

提供主体的管理制度是水管理运行制度中的一项必不可少的制度，管理的主要对象是行使水使用权管理和水经营权管理的提供主体，管理的主要内容是提供主体的事前监督和事后监督。事前监督就是指需求主体对提供主体的选择，事后监督则指需求主体对提供主体行使权力的行为及其后果监督评价。提供主体的管理制度的作用：一是能够选择出合格的提供主体；二是保证提供主体行使水使用权和水经营权管理工作的公平、公正、合理，不出现权利滥用和腐败行为；三是确保水资源使用方式、方法在既符合自身发展需要的同时，又不危害他人及子孙后代的利益。

2.2.2 基于水权的水管理制度分析模型描述

水管理制度的决策实体主要由中央提供主体、地方提供主体、社团提供主体和最终需求主体四个层面构成，每两层之间的水管理制度都包括水使用权管理制度、水经营权管理制度和提供主体管理制度三个方面。从整体来看，水使用权和水经营权的管理权在纵向上被各级决策实体分层持有，在横向上被同一级的各个决策实体分割持有；水经营权在纵向上被各级生产主体持有，在横向上被同一级的各个生产主体持有，水使用权也是如此，中间层面的需求主体或提供主体具有双重角色，既是需求主体，又是提供主体。总之，水管理制度中的组织主体通过水使用权、水经营权、水管理的监督权和治水服务联结起来，实现形态呈现层级结构，如图2-2所示。

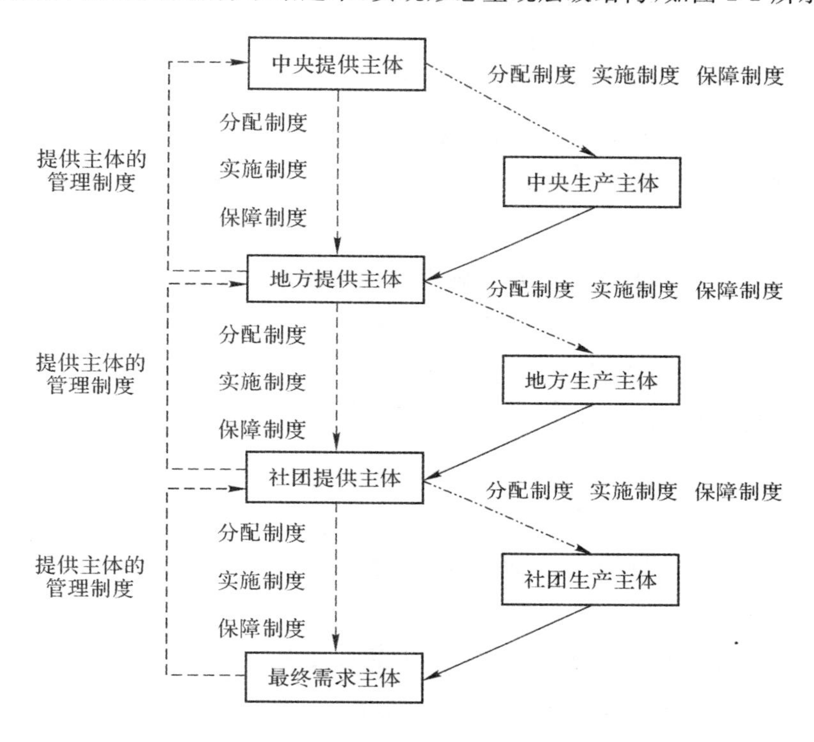

图2-2 基于水权的水管理制度分析模型

水管理制度中各层的决策实体持有不同性质的水权。在全流域范围内建立基于水权的水管理制度的情况下，图2-2显示了水管理制度从顶端依次往下：中央提供主体实际持有国家水权，实际上是全流域范围内水使用权和经营权的管理权；地方提供主体实际持有区域水权，实际上是行政区域范围内水使用权和经营权的管理权；社团提供主体实际持有集体水权，实际上是供水范围内水使用权和经营权的管理权；最终需求主体实际持有私人水权，权利性质是水使用权的决策权利。在水管理制度中，上一层的提供主体总是对下一层提供主体或需求主体拥有管理权。不同层面的生产主体拥有不同层面的水经营权，但是上一层面的生产主体一般来说不拥有下一层面生产主体的决策权。

水管理制度中某一层面提供主体持有的产权客体，是下一层面提供主体和同一层面生产主体的共有资源。流域资源是地方提供主体和流域生产主体的共同资源，区域资源是社团提供主体和区域生产主体的共同资源，社团资源是最终需求主体和社团生产主体的共同资源。某一层面提供主体的共同资源由相应的管理制度实现产权的有效管理。在水管理制度还没有扩展到全流域的情况下，流域资源或区域资源处于开放利用的状态，只有建立了完善的水管理制度的情况下，流域/区域资源事实上的产权性质才是国有/区域产权。在水管理制度不健全的情况下，事实上的产权状况介于开放利用和国有/区域产权之间。即使是建立了健全的水管理制度，它们的各个方面，包括水使用权管理制度、水经营权管理制度和提供主体管理制度也可以选择不同的形式。上述变化意味着现实世界中的水管理制度是多样性的，不同的流域呈现出不同的样式，即使在同一流域水管理制度也会随着时间演变。

本书提出的“基于水权的水管理制度分析模型”是水权理论、查林、奥斯特洛姆、刘伟、王亚华等研究成果的综合。基于水权的水管理制度分析模型的意义在于，它为观察真实世界中的水管理制度的多样性和变化性提供了一种分析框架，在此框架下，既可以静态比较不同流域水管理制度的差异，又可以动态比较同一流域不同时期水管理制度的变化。

2.2.3 基于水权的水管理制度关联性质分析

水管理制度是一个复杂的制度系统，按层次可以分为中央层次制度、地方层次制度和社团层次制度，按照水权的内容可以分为使用权管理制度、经营权管理制度和提供主体管理制度。而制度系统的演化方式是“新制度经济学中最重要、最困难的前沿研究阵地”（埃格特森，1996）。根据制度系统内各个子制度的关联性质，制度系统可分为三类（张旭昆，2004）：①可分离制度系统，即系统内部各项子制度之间全是独立关系；②非分离制度系统，即系统内部各项子制度之间全是耦合关系；③准分离制度系统，可以看作是可分离制度系统和非分离制度系统的一个复合，即系统内部各项子制度之间既有独立关系又有耦合关系。这三种制度系统在满足帕累托改进性质且人们认知正确的条件下，可分离制度系统演化具有时序无关性，非分离制度系统演化具有全局共时性（强耦合关系）或全局历时性（弱耦合关系），准分离制度系统的演化则可以看作可分离制度系统和非分离制度系统演化的复合。制度系统内部各个子制度之间的关联性质使得制度系统的演化与单项制度的演化有不少差异之处，以往文献或是只分析单项制度的演化，或是没有明确区分单项制度的演化和制度系统的演化。因此，理清水管理制度中各个子制度的关联性质对于研究水管理制度的演化至关重要。

根据制度系统的分类标准，水管理制度是一个准分离制度系统。水管理制度可以分离为水使用权管理制度、水经营权管理制度和提供主体管理制度这三个相对独立的子制度。这三个子制度内部又有各自的耦合结构，是非分离制度系统。因此，在满足帕累托改进性质且人们认知正确的条件下，水管理制度中水使用权管理制度、水经营权管理制度和提供主体管理制度三者的演化可以是相对独立演化；这三个子制度本身则是非分离制度系统，其演化必须是全局共时性（强耦合关系）或全局历时性（弱耦合关系）。

2.3 水管理制度的评价标准

诺思的最重要的命题是制度决定经济效率。可见，制度作为一种客观的存在，在社会发展与人的发展中起着重要的作用，同时必然也存在一个被评价的问题。但是，对制度进行评价首先要解决两个问题：一是评价主体的确定，评价具有强烈的主体性特征；二是评价标准的确立，任何评价都是依据一定标准来进行的，评价标准是进行评价的逻辑前提。

评价主体似乎是比较明朗化的，应该也只能是人、存在于社会中的受制度影响的人。评价肯定要反映主体的实际需要和利益。然而，这并不意味着社会中的每个人的需要、利益，即每个人的价值尺度都是合理的。这是由于社会中具体主体的多样性、多层次性和人的需要、利益的差别，使不同人的价值尺度不同。

制度评价标准就涉及制度效率这一概念。制度效率有两层含义，一层是指制度的静态效率，静态效率反映的是均衡的性质，即无人愿意改变其行动的状态，评价它的标准就是帕累托最优状态；另一层是制度的动态效率，动态效率反映的是经济增长，即从一个均衡状态到一个更高的均衡状态的变化。同时，制度作为社会的产物，自然不能脱离现实社会，所以就存在制度现实性的问题。制度现实性的内涵至少有以下三个方面：一个是任何制度都必须与它的历史发展阶段相适应，不能超越历史阶段而谈抽象的制度；二是任何制度都必须具有实际的可操作性和可运作性，不能仅仅停留于理论图景中；三是任何制度都必须关注其存在及实施成本，成本过于高昂，也会使得制度失去其现实性。

2.3.1 制度评价标准的理论依据

福利是经济活动追求的最终目标。在经济学走向科学的过程中，经济学家们试图找到独立于道德考量的客观经济活动评价标准，这就是效率。新古典经济学主要围绕如何提高效率（效率最大化）来达到效用的最大化（福利最大化），这种效用最大化是指总体效用的最大化。效率有静态和动态之分。就制度研究而言，动态效率的位置更重要，因为制度是为长期过程而设立的。由于社会是由个体组成的，因此，福利最大化还涉及另外一个方面，即个体福利的最大化问题，从而有公平问题。效率和公平的关系是福利经济学的基本主题，也是经济学的难题之一。

1. 静态效率标准——帕累托最优

帕累托最优是描述社会分配的一个静态指标，在给定制度结构的条件下，它可以告诉我们现行社会分配是否穷尽了一切改进的可能性。问题是，它是否是一个评价制度好坏的标准？科斯定理告诉我们，一个完全竞争经济的结果依赖于这个经济中每个个体的起始财富，而决定后者的正是制度。因此，帕累托最优仅仅是制度的表象，而不是评价制度好坏的标准。张五常在对经济管制的研究中早已发现（Cheung Steve，1974），帕累托最优是因制度而定的常态，给定一种制度，我们总能找到这种制度下人们达到帕累托最优的方式。在完全市场经济下，价格引导人们的决策，并达到帕累托最优。在计划经济中，租代替了价格成为人们决策的参照物。在这里，租指的是没有被市场价格所反映的物品的价值；租值的耗散使计划经济制度达到帕累托最优。所以，帕累托最优对于市场经济和计划经济的比较是无能为力的。正如布鲁姆利所言："帕累托最优是制度的同义反复。"因此，帕累托最优不适合评价一个制度的好坏。

2. 动态效率标准

在制度分析中，诺思强调动态效率。动态效率包括以下两方面内容：第一，在给定生产技术条件下，一种制度可能妨碍这种生产技术充分发挥其潜能，使得经济不可能达到生产可能性边界。在这种情况下，改变这种制度就可能完全释放现行生产技术的潜能，从而提高社会的产出。比如，水资源资产人格化产权主体的缺位，导致水资源短缺与浪费并存的现象。第二，一种制度可能比另一种制度更能激发人们进行技术创新的热情，因而更能促使社会的生产可能性边界向外扩张。比如，不可交易的水权制度向可交易的水权制度的转型，提高了不同主体节水的激励。我们的以上讨论没有涉及效率改进后的产出分配。在这方面，我们可以区分两种效率改进。一种是帕累托改进。如果在一种制度下每个人的效用都比另一种制度下的效用高，则前一种制度是后一种制度的帕累托改进；换言之，帕累托改进就是人人受益的改进。但是，效率改进的结果并不一定是每个人都能受益，我们称这种改进为卡尔多改进。由于社会产出增加了，为补偿受损者提供了可能，因此卡尔多改进也称为补偿性改进。值得注意的是，补偿可能只是潜在的，不一定要实际发生。由于卡尔多改进不能使每个人都实际受益，它是否能发生就取决于社会中利益相关者的博弈。

3. 效率和公平

帕累托最优和动态效率都对公平保持沉默，因为它们只关心社会总财富的增加，而不管社会财富是如何分配的。但是，这种完全物质化的功利主义有三个潜在的不利后果：第一，它可能会导致对人的某些基本权利的侵害；第二，对国民收入的过分重视可能使我们忽视那些能够带来经济长期增长，但短期内会降低国民收入增加的社会分配；第三，对国民收入的过分重视还将使我们忽视体现我们生活质量的其他因素，如健康、环境、和谐，等等。公平是一个多维概念。不同学科对其有不同的阐释。本书这里所讲的公平，主要是指经济学意义上的公平，即分配公平和机会公平。这里所说的效率是指制度对生产的作用而产生的动态经济效率。

公平和效率关系的第一个问题就是各自的福利含义，哪个更能代表福利。在许多时候，公平与增长之间并不是此消彼长的关系，公平对长期经济增长具有正面作用。在最低层次上，公平可以降低社会动乱的可能性，而动乱对经济增长的破坏力是众所周知的事实。但是，在另一些时候，公平和效率的目标是相互抵触的，两者之间存在此消彼长的替代关系，难以同时实现，因此称为公平和效率的交替问题。

第二个问题是公平和效率的先后次序，这其实是一个价值判断问题，有三种意见：效率优先；公平第一；没有先后，两者兼顾。在《正义论》一书中(Rawls, John,1971)，罗尔斯提出了两个关于公平和效率关系的原则。第一原则认为，每个人都具有一些基本的不可剥夺的自由项，如言论自由、政治参与自由和迁徙自由，等等。第二原则认为，在第一原则满足的情况下，社会分配可以有差异，但应该以不损害最差的成员的福利为限。现代经济学家大多主张协调公平和效率，其最重要的代表之一是阿瑟·奥肯。他在1975年出版的《平等和效率：巨大的交替》中指出：公平和效率都应重视，如果发生冲突，则应达成妥协；妥协的原则是任何一项的牺牲必须被判断为可以得到更多的另一项的必要手段。在奥肯看来，市场机制在某些情况下需要加以限制，但不能限制过分；收入平均化措施需要保留一些，但也不能过度。这种协调的模式就形成了混合性制度，在现实中是常见的。

4. 效率和自由

自由是一个具有多重意义的概念。伯林(Berlin Isaiah,1969)区分了“被动”自由和“主动”自由。所谓“被动”自由，即一个人的选择不受另一个人或一个集团的有形强制，它忽视了每个人的选择集是不一样大的现实。因此，只注意被动自由是不完整的。伯林的主动自由意味着做自己主人的自由。阿马蒂亚·森(Amartya Sen,1993)采用了和伯林稍有不同的分类方法，他区分了自由的两个方面：一是“免受侵害”，二是自由的能力。在森看来，自由不仅意味着别人不能对我做什么，而且意味着我有能力为我“有理由给予价值的那些目标”做什么。在完全竞争市场经济与自由的关系上，森认为社会选择不可能在同时满足帕累托最优和被动自由的条件下得到合乎逻辑的排序；在初始财富给定的情况下，完全竞争市场无疑给予了每个人充分的被动自由。但是，完全市场竞争不能给予每个人充分的主动自由，完全竞争市场仅仅是在初始禀赋给定的情况下，起到了机械传导作用。因此，可行能力是水管理制度研究中要予以关注的，这样才能客观地分析水管理制度的现状及其问题产生的根源。可行能力是指一个人实现不同生活方式的能力，意味着实质自由。经济发展实质上是人类自由的扩展。是什么限制了人类自由的扩展或者说是什么导致了贫困？

人类的欲望要受三个基本约束条件的限制，一是资源约束；二是能力约束；三是制度约束。前两个约束调节决定人的物理活动边界（生产力约束），最后一个调节则决定人的社会活动边界（权利约束）。制度（一系列权利的集合）制约了人的选择范围，减少了人类活动的不确定性，但同时也减少了人的可行能力集，这就构成了制度的机会成本。一个有效的制度必须以较小的自由的损失为代价。权利的分配可能使部分人的可行能力遭到过度剥夺，而陷入贫困，这就是“制度性”贫困。它是许多情况下产生“贫困陷阱”的原因，使绝对贫困难以消除，相对贫困差距不断扩大的根本原因。

2.3.2 水管理制度安排的评价标准

1. 制度安排评价原则

制度评价原则是介于制度评价理论与制度评价标准之间的中间层评价准则。本书认为基于水权的水管理制度评价原则应兼顾制度的合理性、合法性和现实性三个问题。

第一，合理性。制度的合理性是指制度的内容是否符合制度的内在规律，制度是否具有逻辑的一致性，是否能体现制度的本性与目的，在完成其目标上是否有效率等。归根到底就是制度是否能完成其保证社会发展、保证社会与人协调发展、最终实现人的自由和全面的发展。

第二，合法性。制度的合法性主要是指制度在社会层面存在的法理与价值基础。制度合理性关心的是制度系统如何有效运行，制度合法性关心的是选择某一制度的理由是什么。由于不同制度主体在制度环境中所处的地位不同，同一制度所带来的效益在不同制度主体中是截然不同的，甚至是对立的，这涉及制度的价值选择与目标定位。

第三，现实性。制度的现实性主要是就制度的可实现性和可操作性而言。一种制度即使在理论上很完善，甚至很完美，但如果缺少自我实现的能力，或者说在实践中做不到，那么它就是制度乌托邦，就不具备现实性。

2. 制度安排评价标准

物品的物理属性、社群的属性以及处理物品属性问题的社群本身的制度性实践规则都是影响某种物品是否能够实现有效供给的基本因素。如何对问题的相关因素进行具体分析，设计出适当的制度安排来解决物品的有效供给问题，则是制度分析的重要任务。制度分析框架的目的不在于建立分析框架本身，而在于去评价现有的各种各样的制度安排，并探索更为有效的制度安排框架。

在《制度激励与可持续发展》一书中，埃莉诺·奥斯特罗姆等（2000）提出了一套系统的绩效评估指标，一是总体绩效指标，二是间接绩效标准。总体绩效标准包括经济效率、通过财政平衡和再分配实现公平、责任和适应性四个指标。其中经济效率是由与资源配置及再配置相关的净收益流量的变化决定的，它主要是指资源配置是否符合动态效率的标准。公平，主要有两个方面，一是贡献与收益是否相适应，即是否实现了财政平衡，从这个意义上看，公平是效率的充分条件；二是是否实现了再分配，即资源是否配置给了比较穷的人。责任是指政府官员对公民所承担的开发和使用基础设施的责任。重要的是确保基础设施适合公民的需求，避免和遏制策略行为，并使政府官员承担基础设施建设不当的责任等。适应性是指制度安排能够对环境变化做出适当的反应。而这些标准之间是需要权衡的，尤其是效率和通过再分配实现公平目标之间必须进行选择。间接标准包括供给成本和生产成本两个方面，并且两者中都包含有转换成本和交易成本。其中转换成本是将投入转化为产出的成本。而交易成本则是与协调、信息和策略成本相关的转换成本的增加。它包括三个类型：一是协调成本投资于行动者间供给协议的协商、监督和执行的时间、金钱和人力成本的总和。二是信息成本，是搜集和组织信息的成本和由于时间、地点变量和一般科学原则的知识的缺乏或无效混合所造成的错误成本。三是策略成本，是指当个人利用信息、权力以及其他资源的不对称分配，以牺牲别人的利益为代价的情况下获得的效益，从而造成的转换成本的增加。埃莉诺·奥斯特罗姆等人所提出的制度安排评价标准，无疑是为制度分析框架提供了可借鉴的制度安排评价思路。

第一，动态效率标准。成本收益分析，即新的制度安排对旧制度安排的替代必须要满足成本收益间的差额增大这个条件，其中成本所包含的内容也是由转换成本和交易成本组成；收益主要包括通过生产技术充分发挥其潜能和激发人们进行技术创新的热情，因而更能促使社会的生产可能性边界向外扩张实现；在收益相同的情况下，成本低的制度安排更优越。

第二，公平标准。即收益的多少与付出的成本成正相关，但更强调每个人基本选择集的保障。水管理制度评价推崇的公平不仅是“结果公平”，而且是“程序公平”和“机会公平”。

第三，自由标准。自由价值的保护，即确保人们在不损害他人利益的前提下，根据自己的偏好进行自由选择的权利。意味着个人能在一定范围内，享有受保护的自主权，以追求其自选目标。显然，这是人们能够完全控制决策的一个领域。但是，自由并不意味着毫无约束。制度分析框架认为个人所希望解决的事情都是重要的事情，都值得关注。制度安排中人们自由选择的程度越高，其效率损失得越少。

第四，关爱弱势群体利益标准。在不平衡的关系中，强势群体往往容易利用其强势地位来谋求利益，甚至以损害弱势群体的利益为代价，从而导致利益分配失衡，引发社会冲突。当弱势群体所受的压迫超过一定限度以后，就会出现报复社会、反社会的行动。流域上下游不对称的地位，容易导致下游居民处于弱势群体地位。这一点在水管理中要加以关注，以防水事纠纷成为引发社会冲突的导火索。为此，有必要强调利益的调适机制。

2.4 本章小结

本章主要提出了一个研究水管理制度的分析框架。第一,对经典的产权结构分类方法进行了回顾,进而提出了水资源产权的层次结构属性。第二,根据水资源产权的层次性和可分性的特点,提出了基于水权的水管理制度分析模型,用于描述复杂的水管理制度,以及概化复杂的水管理问题。第三,在比较制度评价理论的基础上,提出了合理性、合法性和现实性的水管理制度评价原则以及效率标准、公平标准、自由标准和关爱弱势群体利益标准这四个水管理制度评价标准。

第3章　中国水管理制度变迁的实现方式分析

制度变迁是制度创立、变更及随着时间变化而被打破的过程;实现这一过程的方式就是制度变迁方式(诺思,2002)。制度变迁的动态研究思想归因于哈耶克的贡献,但是一个完整的制度变迁动态研究框架是诺思创立的,诺思通过对人的行为的重新认识以及交易费用理论两条理论主线,提出了一个完整而清晰的制度变迁的动态研究框架。路径依赖理论虽然给出了制度变迁的两类极端情况,但是没有办法对同一类型国家的制度变迁差异做出合理的解释。为了获得制度变迁中不确定性、锁定、低效率选择、路径依赖等问题的更为一致性的分析框架,青木昌彦(2001)通过一个演化博弈模型把诺思的研究框架形式化。演化博弈的有效分析框架是有限理性博弈方构成的,一定规模的特定群体内成员的某种反复博弈。演化博弈分析的主要意义:一是在于对在比较稳定的环境中,人们之间非固定对象经济关系长期稳定趋势的分析;二是在于对完全理性博弈分析结论印证,用来预测某些经济关系未来长期中的变化趋势(谢识予,2002)。综观中华民族悠久的治水史,中国的水管理制度可以大致划分为这样几个阶段:中央集权的科层制度的初步建立、中央集权的科层制度的完善和基于市场机制的水管理制度的兴起;而且水管理制度随着朝代更替呈现一定的周期性往复的特点。本章则主要在杨瑞龙(1994)在一般制度变迁研究基础上,利用演化博弈的方法构建水管理制度变迁模型来研究中国水管理制度变迁从集权模式向市场化模式变迁的实现方式,并且运用该模型对当代中国水管理手段创新及实现方式进行探讨和预测。

3.1 水管理制度变迁模型的理论假设

只要社会普遍地建立起"产权明晰、决策分权、交换自由、公平竞争、风险自负、激励相容的市场规则"(杨瑞龙,1994),无论其形式如何,都认为实现了完美市场经济制度。为了论述的方便,事先作如下假设或规定(杨瑞龙,2000、1998):

假设1:水管理制度变迁过程的博弈方主要包括三类:微观主体(需求主体和生产主体)、中间提供主体(地方提供主体和社团提供主体)和中央提供主体,而且他们都遵循斯密的"经济人"假说,都是风险中性者,且都具有有限理性。虽然微观主体和中间提供主体是群体,而中央提供主体则是单一主体,但是由于制度变迁过程博弈方利益关系十分复杂,各博弈方理性程度很低,不妨设生物进化的"复制动态"机制来模拟博弈方的学习和动态调整机制。

假设2:θ_i 表示水管理制度变迁过程中第 i 阶段市场化水平。$\theta \in [0,1]$,$\theta = 0$ 和1分别指中央集权式的水管理制度和完全基于市场机制的水管理制度。为了理论研究的方便,暂不考虑水管理制度变迁过程中的"政权约束",则本书所要讨论的水管理制度变迁过程可近似地描述成 θ 从0到1的过程。其实,中国水管理制度变迁的政权约束是存在的,而且随着水管理制度层次的提高,政权约束越大,发展基于市场机制的水管理制度的空间越小。

假设3:微观主体的成分很复杂,随着市场化程度的提高,会出现两种结果:一是微观主体的收益随市场经济制度水平 θ 的增加而直接获得收益,属于帕累托改进；二是微观主体的收益随市场经济制度水平 θ 的增加，通过转移支付、补偿等形式而间接获得收益，属于卡尔多改进。因此，本书此处一律作简化为微观主体的收益随市场经济制度水平 θ 的增加而增加，但增加速度递减，因此，我们不妨令微观主体的制度收益为 $U_{AE} = \theta^k$，制度成本为 $U_{AI} = -\theta(m^{1/\gamma} - m)$，则微观主体的效用函数 $U_A = -\theta(m^{1/\gamma} - m)/n^\gamma + \theta^k$，其中 m、n 是大于1的常数，$k \in [0,1]$，为常数。$\gamma \in [0,1]$，为微观主体水管理制度的选择环境，其主要由地方专业性知识水平、互补性制度[①]市场化水平和关联性制度[②]市场化水平决定。0 表示水管理制度的选择环境对水管理制度市场化的兼容性非常差；1 表示水管理制度的选择环境对水管理制度市场化的兼容性非常好，即 $U_{AI} = 0$。值得注意的是，$U_A = -\theta(m^{1/\gamma} - m)/n^\gamma + \theta^k$ 对微观主体来说是一种市场自由和机会，对社会来说 $U_A = -\theta(m^{1/\gamma} - m)/n^\gamma + \theta^k$ 代表了社会经济活力，是经济高质量发展的基础。

假设 4：中间提供主体是中央提供主体的代理人，同时又是各个微观主体的代表，他们在博弈中身份特殊，是连接中央提供主体和微观主体的纽带。他们在行为的选择中，既要争取自己的政绩最大化，又要努力使得中央提供主体对自己满意。同时，在博弈中又不能在制度创新中偏离中央提供主体的政策太远，还要尽量满足微观主体的制度创新要求。总的来讲，在博弈中他们也追求自己的效益最大化，他们的效用可以表示为：$U_{Li+1} = A[(g_{i+1} - g_i) - \Delta g_{i+1}]$，其中$g = -\theta(m^{1/\tau} - m)/n^\tau + \theta^k$，$\tau \in [0,1]$，为中间提供主体水管理制度的选择环境，其主要由科学技术水平和地方性专业知识水平、互补性制度市场化水平和关联性制度市场化水平决定；Δg_{i+1} 表示预期第 $i+1$ 期其他地区政府官员由水管理制度创新所带来的平均政绩，这意味着地方政府官员之间的竞争采取标尺竞争法；A 是大于或等于 1 的常量。

假设 5：中央提供主体在博弈中采取的博弈策略遵循效益最大化原则，

① 参与人无法在不同的域协调其策略决策，但他们的决定在参数上受到另外的域现行决策的影响，这两个域的决策构成互补性关系。

② 参与人能在不同的域协调其策略，结果产生的制度是参与人单独在不同的域分别作出决策所不能导致的，这两个域的决策构成关联性关系。

效益最大化包括两方面的内容：一是水安全的最大化，二是垄断租金的最大化。同时，制度作为一种客观实在，其运行是需要耗费一定成本的，水管理制度 θ 从 0 到 1 的发展过程，其产权界定也逐渐清晰，当然耗费的成本也就越高，而且市场化水平提高也意味着与原有产权结构相关联的垄断租金的部分丧失，对原有集权制度信仰的一种否定，但这种负效用会随着对水管理制度市场化认知水平的提高而减小。本书称之为“认知不兼容”的负效用（U_{CI}），并令 $U_{CI}=-\theta(a^{1/\lambda}-a)$，当 $\theta=0$ 时，$U_{CI}=0$；λ 表示中央提供主体对基于市场机制的水管理制度的认同程度或知识水平，它是通过实践积累获得的，积累的速度取决于中央提供主体的学习能力（当前的知识技术水平）和学习动力（对现有制度的不满程度以及可供学习的制度）。$\lambda\in[0,1]$，0 表示中央提供主体对基于市场机制的水管理制度一无所知，持完全否定态度，1 表示中央提供主体对基于市场机制的水管理制度充分认知，完全认同。另一方面，水管理制度市场化方向发展会带来收益，比如用水效率的提高、经济发展质量的提高等，这给中央治国者带来正“经济效用”（U_{CE}），且它的权重随中央提供主体认知水平 λ 的提高而加大，不妨令 $U_{CE}=g\cdot b^{\lambda}$，当 $\theta=0$ 时，$U_{CE}=0$。所以中央提供主体的效用函数 $U_C=-\theta(a^{1/\lambda}-a)+\theta^k\cdot b^{\lambda}$，其中 a、b 是大于 1 的常数。

假设 6：微观主体天然地知道市场的好处，即一旦水管理制度的选择环境改善，它就马上有倡导制度变迁的欲望，并假设地方政府官员相对于中央领导人来说拥有对市场经济制度绩效方面的知识优势。因为地方政府官员与微观主体在实际的经济运行中有广泛而真实的接触。微观主体的水管理制度选择环境总体上是不断改善的，也就是说制度变迁长期总能给微观主体带来正效用，不妨进一步令 $\gamma=\tau=1$。

3.2 制度变迁困境：中央提供主体—微观主体二元演化博弈模型

3.2.1 二元演化博弈模型的基本结构及其均衡解

在中央集权型国家里，中央提供主体对水管理制度改革具有权威，可以自行设计和实施改革方案，也可以对中间提供主体和微观主体倡导的制度变迁予以支持或否定；微观主体虽然可以倡导制度变迁，但必须得到中央提供主体的认可，对于中央提供主体的改革方案必须执行，因此微观主体只是新制度的接受者；中间提供主体仅仅是在这种纵向制度安排中起到上通下达的作用。在上述条件下，中央提供主体、中间提供主体和微观主体之间的博弈本质上是中央提供主体和微观主体之间的动态博弈。根据动态博弈发起者的次序，中央提供主体和微观主体之间的动态博弈有两种形式：一是中央提供主体倡导，微观主体接受，在中央提供主体对市场化的水管理制度的知识 λ 很小或 0 的情况下，这种博弈形式是不存在的，因为制度变迁对中央提供主体带来的负效用很大；二是微观主体倡导，中央提供主体认可或不认可。本书将重点来讨论后面一种动态博弈形式。

在改革实施之前，市场经济制度水平为 $\theta=\theta_0$，中央提供主体的认知水平 $\lambda=\lambda_0$，水管理制度改革的步伐为 $\Delta\theta$，那么实施改革后的市场经济制度水平为 $\theta=\theta_0+\Delta\theta$。在此我们假定，微观主体倡导制度变迁的概率为 x，不倡导制度变迁的概率为 $1-x$；微观主体倡导的制度变迁被中央提供主体认可的概率为 y，被中央提供主体不认可的概率为 $1-y$，一旦微观主体倡导的制度变迁不被认可，微观主体将遭受 B/θ_0 的损失，损失是随着市场化程度的提高而减小的，其中 B 是大于零的常数。中央提供主体和微观主体的得益情况详见表 3-1。

表 3-1　中央提供主体和微观主体博弈得益矩阵

参与人	微观主体		
	策略选择	倡导变迁 x	不倡导变迁 $1-x$
中央提供主体	认可 y	$(\theta_0+\Delta\theta)^k$， $-(\theta_0+\Delta\theta)(a^{1/\lambda}-a)+(\theta_0+\Delta\theta)^k b^\lambda$	θ_0^k， $-\theta_0(a^{1/\lambda}-a)+\theta_0^k b^\lambda$
	不认可 $1-y$	$\theta_0^k-\frac{B}{\theta_0}$， $-\theta_0(a^{1/\lambda}-a)+\theta_0^k b^\lambda$	θ_0^k， $-\theta_0(a^{1/\lambda}-a)+\theta_0^k b^\lambda$

微观主体选择倡导变迁、不倡导变迁和平均的期望得益 u_{Ae}、u_{An} 和 $\bar{u}_A$ 分别为

$$u_{Ae} = y(\theta_0 + \Delta\theta)^k + (1-y)\left(\theta_0^k - \frac{B}{\theta_0}\right) \tag{3-1}$$

$$u_{An} = y\theta_0^k + (1-y)\theta_0^k = \theta_0^k \tag{3-2}$$

$$\bar{u}_A = x\left[y(\theta_0 + \Delta\theta)^k + (1-y)\left(\theta_0^k - \frac{B}{\theta_0^k}\right)\right] + (1-x)\theta_0^k \tag{3-3}$$

中央提供主体选择认可变迁、不认可变迁和平均的期望得益分别为u_{Cd}、u_{Cn}和$\bar{u}_C$分别为

$$u_{Cd} = x[-(\theta_0 + \Delta\theta)(a^{1/\lambda} - a) + (\theta_0 + \Delta\theta)^k b^\lambda] + (1-x)[-\theta_0(a^{1/\lambda} - a) + \theta_0^k b^\lambda] \tag{3-4}$$

$$u_{Cn} = -\theta_0(a^{1/\lambda} - a) + \theta_0^k b^\lambda \tag{3-5}$$

$$\bar{u}_C = y\{x[-(\theta_0 + \Delta\theta)(a^{1/\lambda} - a) + (\theta_0 + \Delta\theta)^k b^\lambda] + (1-x)[-\theta_0(a^{1/\lambda} - a) + \theta_0^k b^\lambda]\} + (1-y)[-\theta_0(a^{1/\lambda} - a) + \theta_0^k b^\lambda] \tag{3-6}$$

分别把复制动态方程用于微观主体和中央提供主体，得到微观主体倡导制度变迁策略概率的复制动态方程为

$$\frac{dx}{dt} = x(u_{Ae} - \bar{u}_A) = x(1-x)\left\{y[(\theta_0 + \Delta\theta)^k - \theta_0^k] - (1-y)\frac{B}{\theta_0}\right\} \tag{3-7}$$

中央提供主体认可制度变迁策略概率的复制动态方程为

$$\frac{dy}{dt} = y(u_{Cd} - \bar{u}_C) = y(1-y)x\{-\Delta\theta(a^{1/\lambda} - a) + [(\theta_0 + \Delta\theta)^k - \theta_0^k]b^\lambda\} \tag{3-8}$$

微观主体和中央提供主体复制动态方程的导数方程分别为

$$\frac{d^2x}{dt^2} = (1-2x)\left\{y[(\theta_0 + \Delta\theta)^k - \theta_0^k] - (1-y)\frac{B}{\theta_0}\right\} \tag{3-9}$$

$$\frac{d^2y}{dt^2} = (1-2y)x\{-\Delta\theta(a^{1/\lambda} - a) + [(\theta_0 + \Delta\theta)^k - \theta_0^k]b^\lambda\} \tag{3-10}$$

在上述复制动态博弈方程及其导数方程的基础上，可以讨论该博弈的进化稳定策略。首先，找出复制动态方程的稳定状态，只要令复制动态方程为零，即可以解出所有的复制动态稳定状态。然后再讨论这些稳定状态的

领域稳定性，也就是对于微小的偏离扰动具有稳健性的均衡状态，只要把稳定状态代入复制动态方程的导数方程，如果是进化稳定策略，则复制动态方程导数必须小于零。

我们先对微观主体倡导制度变迁策略的复制动态方程(3-7)作一些分析。根据该动态方程，如果 $y=\dfrac{B/\theta_0}{(\theta_0+\Delta\theta)^k-\theta_0^k+B/\theta_0}$，那么 $\mathrm{d}x/\mathrm{d}t$ 和 $\mathrm{d}^2x/\mathrm{d}t^2$ 始终为零，这意味所有 x 水平都是稳定状态；如果 $y\neq\dfrac{B/\theta_0}{(\theta_0+\Delta\theta)^k-\theta_0^k+B/\theta_0}$，则 $x^*=0$ 和 $x^*=1$ 是两个稳定状态，其中 $y<\dfrac{B/\theta_0}{(\theta_0+\Delta\theta)^k-\theta_0^k+B/\theta_0}$ 时，$x^*=0$ 是进化稳定策略，$y>\dfrac{B/\theta_0}{(\theta_0+\Delta\theta)^k-\theta_0^k+B/\theta_0}$ 时，$x^*=1$ 是进化稳定策略。

现在我们再分析中央提供主体认可制度变迁策略的复制动态方程(3-8)，如果 $x=0$ 或 $\{-\Delta\theta(a^{1/\lambda}-a)+[(\theta_0+\Delta\theta)^k-\theta_0^k]b^\lambda\}=0$，那么 $\mathrm{d}y/\mathrm{d}t$ 和 $\mathrm{d}^2y/\mathrm{d}t^2$ 始终为零，这意味所有 y 水平都是稳定状态；由于 $x\in[0,1]$，如果 $x>0$ 且 $\{-\Delta\theta(a^{1/\lambda}-a)+[(\theta_0+\Delta\theta)^k-\theta_0^k]b^\lambda\}<0$ 时，$y^*=0$ 是进化稳定策略，$x>0$ 且 $\{-\Delta\theta(a^{1/\lambda}-a)+[(\theta_0+\Delta\theta)^k-\theta_0^k]b^\lambda\}>0$ 时，$y^*=1$ 是进化稳定策略。

下面，综合来考虑中央提供主体和微观主体的复制动态方程，由于市场化改革初期，中央提供主体的认知水平 λ 很小或等于0，改革对中央提供主体带来的负效用很大，即 $x>0$ 且 $\{-\Delta\theta(a^{1/\lambda}-a)+[(\theta_0+\Delta\theta)^k-\theta_0^k]b^\lambda\}<0$ 时，$y^*=0$ 是进化稳定策略，那么 $y^*<\dfrac{B/\theta_0}{(\theta_0+\Delta\theta)^k-\theta_0^k+B/\theta_0}$，则 $x^*=0$ 是进化稳定策略。因此，不难看出在市场化改革初期，本博弈的进化稳定策略只有 $x^*=0$ 和 $y^*=0$ 一点，其他所有点都不是复制动态中收敛和具有抗扰动的稳定状态。制度供求双方很难实现潜在的帕累托改进的纳什均衡，市场化取向的水管理制度变迁进程将是缓慢的。

3.2.2 二元演化博弈模型均衡解的数值模拟

上面本书就改革初期中央提供主体和微观主体的行为作了理论上的分析。但由于模型的参数较多，形式颇为繁杂，不利于作进一步探讨。因此，本书下面采用数值模拟的方法，对模型的进化稳定策略 $x^{*}=0$ 和 $y^{*}=0$ 作更深入的分析。本书取 $\theta_0=0.1$，$\Delta\theta=0.01$，$\lambda_0=0.1$，$k=0.5$，$a=1.5$，$b=1.5$；在对中央提供主体的进化稳定过程进行数值模拟时微观主体倡导制度变迁的概率取 $x=0.1$；在对微观主体的进化稳定过程进行数值模拟时中央提供主体认可制度变迁的概率取 $y=0.1$，由于无论是 y 值还是 B 值的变化，本质上都是复制动态方程 $x(1-x)$ 项系数的变化，而该系数对复制动态方程的动力学特征具有显著的影响，故本书采用变化 B 值的方法来观察微观主体复制动态方程的动力学特征。数值模拟结果详见图 3-1 至图 3-7。

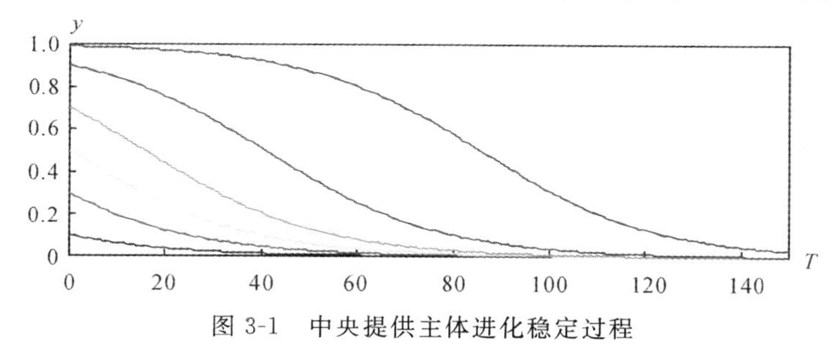

图 3-1　中央提供主体进化稳定过程

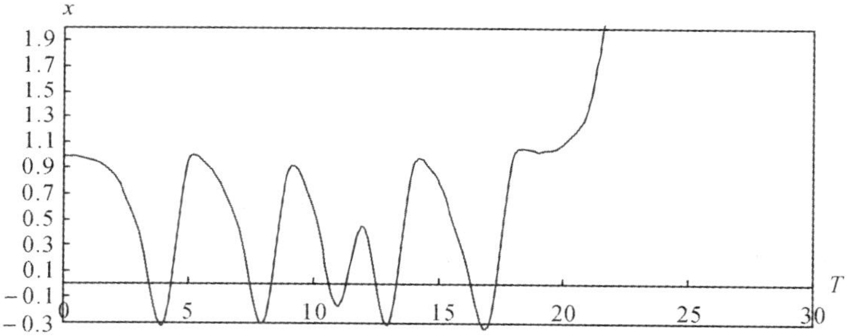

图 3-2　微观主体进化稳定过程($B=0.34$)

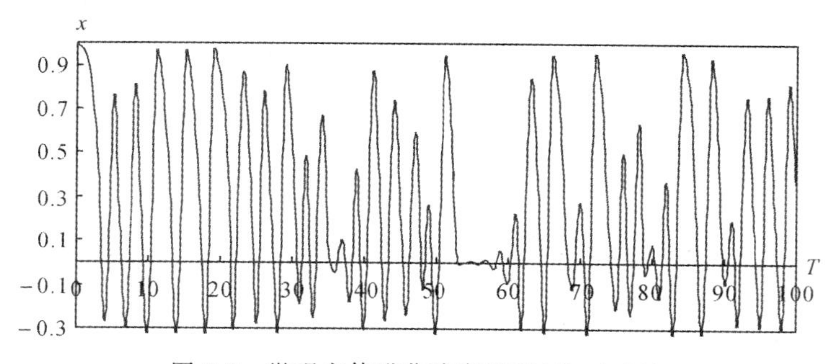

图 3-3　微观主体进化稳定过程($B=0.33$)

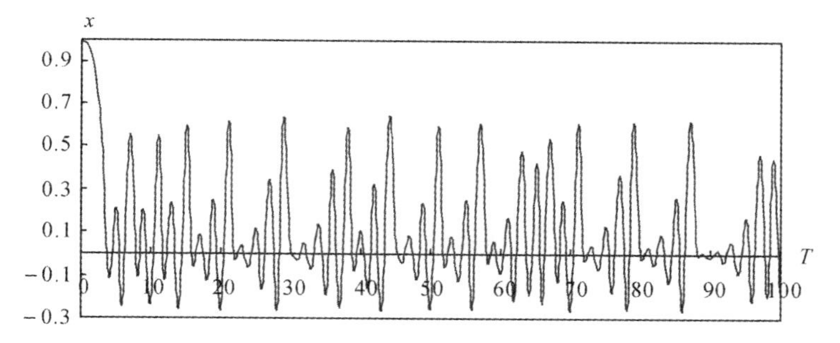

图 3-4 微观主体进化稳定过程($B=0.3$)

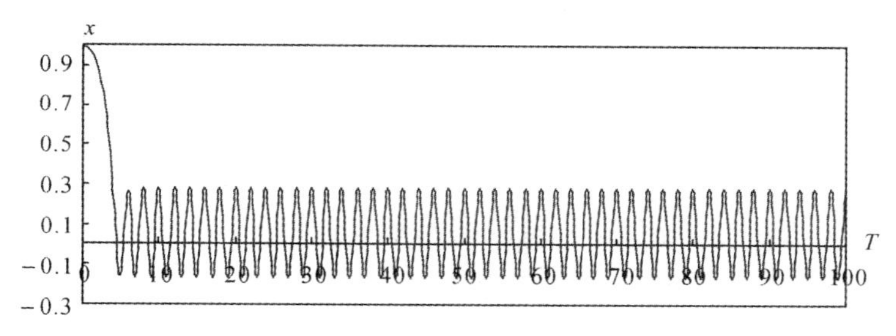

图 3-5 微观主体进化稳定过程($B=0.25$)

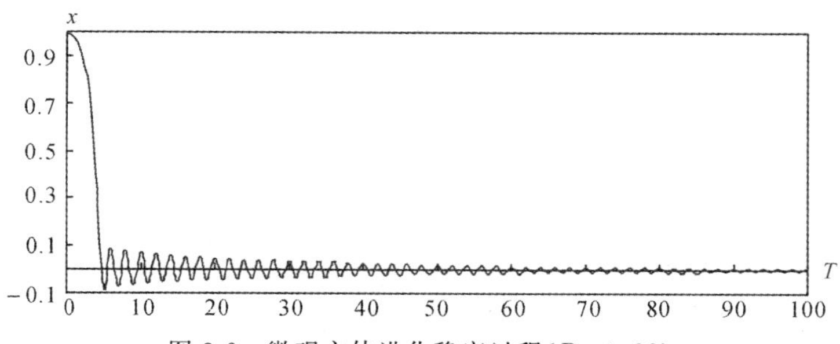

图 3-6 微观主体进化稳定过程($B=0.22$)

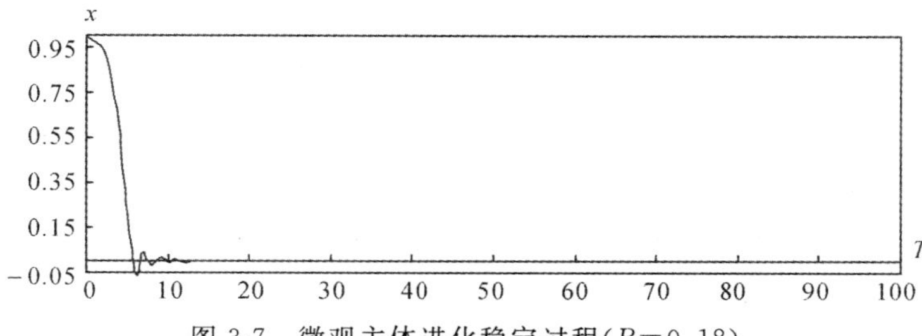

图 3-7 微观主体进化稳定过程($B=0.18$)

通过数值模拟，由图3-1可知中央提供主体的策略可以很好地收敛到$y^*=0$这一点上，则说明中央提供主体在市场化初期，其策略选择是不认可微观主体倡导的制度变迁。由图3-2至图3-7可知微观主体的策略并没有完全地收敛到$x^*=0$这一点上，而是围绕着$x^*=0$出现振荡现象，而且振荡现象是随着B的加大而加剧的，并有向无规则运动的趋势，直到本书取$B=0.18$时，微观主体的策略才完全地收敛到$x^*=0$这一点上。虽然从概率数值上看，微观主体倡导制度变迁的概率$x<0$是不合理的，但是从动力学角度看，则说明微观主体策略行为出现了混乱状态，产生了混沌现象。混沌的出现是敏感地依赖于系统的初始条件的，初始条件的细微变化能够导致系统未来长期运动轨迹之间的巨大差异。混沌的出现则给中央提供主体对微观主体的行为的正确预期带来难度，对经济的平稳运行极为有害。虽然微观主体在中央提供主体高压统治下创新行为总体上收敛到$x^*=0$，但是在特定的初始条件下微观主体为了生存等原因是不会停止创新的尝试的，而且尝试的欲望随着B的增加有上升的趋势，这容易爆发微观主体的制度需求革命（也就是我们日常所说的哪里有压迫，哪里就有反抗，而且压迫得越厉害，反抗也越厉害）。这一点也可以佐证水管理制度不是中央提供主体和微观主体的二元结构，而是多元主体的层次结构。

3.3 制度变迁方式转换：中央提供主体、中间提供主体和微观主体三元演化博弈模型

3.3.1 三元演化博弈模型的基本结构及其均衡解

如果参与人仅仅是中央提供主体和广大微观主体，制度供求双方很难实现潜在的帕累托改进的纳什均衡，市场化取向的制度变迁进程将是缓慢的，并且容易爆发微观主体的制度需求革命。鉴于此，理智的中央提供主体渴望有一个低成本的知识积累和传递中介，并组织实施制度供给；微观主体也渴求有一个廉价的能代表他们制度创新需求的集体行动机制或组织，

而在改革中逐渐具有独立的利益目标和资源配置权的中间提供主体恰恰能扮演这样的角色。从而层次状的水管理制度在中央提供主体和广大微观主体的共同需求下逐渐形成。

在向市场经济制度的过渡过程中，地方政府官员意识到市场取向的改革能激活微观主体的经济活力并由此带来制度性经济增长，有利于提高自己的政绩，因此潜在的具有满足微观主体制度创新需求的动机。同时，根据模型的假设3和6，水管理制度市场化方向变迁对微观主体总能带来正效用，也就是微观主体是不会反对中间提供主体倡导的制度市场化方向变迁，因此，中央提供主体、中间提供主体和微观主体三元博弈可以简化为中央提供主体和中间提供主体二元博弈予以讨论。在此我们假定，中间提供主体倡导制度变迁的概率为 z，不倡导制度变迁的概率为 $1-z$；中间提供主体倡导的制度变迁被中央提供主体认可的概率为 y，被中央提供主体不认可的概率为 $1-y$，一旦中间提供主体倡导的制度变迁不被认可，微观主体将遭受 D/θ_0 的损失，损失是随着市场化程度的提高而减小的，其中 D 是大于零的常数。中央提供主体和中间提供主体的得益情况详见表3-2。

表3-2　中央提供主体和中间提供主体博弈得益矩阵

参与人	中间提供主体		
	策略选择	倡导变迁 z	不倡导变迁 $1-z$
中央提供主体	认可 y	$A[(\theta_0+\Delta\theta)^k-\theta_0^k-\Delta g_{i+1}]$, $-(\theta_0+\Delta\theta)(a^{1/\lambda}-a)+(\theta_0+\Delta\theta)^k b^\lambda$	$-A\Delta g_{i+1}$, $-\theta_0(a^{1/\lambda}-a)+\theta_0^k b^\lambda$
	不认可 $1-y$	$-A\Delta g_{i+1}-\dfrac{D}{\theta_0}$, $-\theta_0(a^{1/\lambda}-a)+\theta_0^k b^\lambda$	$-A\Delta g_{i+1}$, $-\theta_0(a^{1/\lambda}-a)+\theta_0^k b^\lambda$

中间提供主体选择倡导变迁、不倡导变迁和平均的期望得益 u_{Le}、u_{Ln} 和 $\bar{u}_L$ 分别为

$$u_{Le}=yA[(\theta_0+\Delta\theta)^k-\theta_0^k-\Delta g_{i+1}]+(1-y)\left(-A\Delta g_{i+1}-\frac{D}{\theta_0}\right) \tag{3-11}$$

$$u_{Ln}=-A\Delta g_{i+1} \tag{3-12}$$

$$\bar{u}_l = z\left\{yA\left[(\theta_0+\Delta\theta)^k-\theta_0^k-\Delta g_{i+1}\right]+(1-y)\left(-A\Delta g_{i+1}-\frac{D}{\theta_0}\right)\right\}$$
$$+(1-z)(-A\Delta g_{i+1}) \tag{3-13}$$

中央提供主体选择认可变迁、不认可变迁和平均的期望得益 u_{Cd}、u_{Cn} 和 $\bar{u}_C$ 分别为

$$u_{Cd} = z[-(\theta_0+\Delta\theta)(a^{1/\lambda}-a)+(\theta_0+\Delta\theta)^k b^\lambda]$$
$$+(1-z)[-\theta_0(a^{1/\lambda}-a)+\theta_0^k b^\lambda] \tag{3-14}$$

$$u_{Cn} = -\theta_0(a^{1/\lambda}-a)+\theta_0^k b^\lambda \tag{3-15}$$

$$\bar{u}_C = y\{z[-(\theta_0+\Delta\theta)(a^{1/\lambda}-a)+(\theta_0+\Delta\theta)^k b^\lambda]$$
$$+(1-z)[-\theta_0(a^{1/\lambda}-a)+\theta_0^k b^\lambda]\}+(1-y)[-\theta_0(a^{1/\lambda}-a)+\theta_0^k b^\lambda] \tag{3-16}$$

分别把复制动态方程用于中间提供和中央提供主体，得到中间提供主体倡导制度变迁策略概率的复制动态方程为

$$\frac{\mathrm{d}z}{\mathrm{d}t} = z(u_{Le}-\bar{u}_L) = z(1-z)\left\{yA\left[(\theta_0+\Delta\theta)^k-\theta_0^k\right]-(1-y)\frac{D}{\theta_0}\right\} \tag{3-17}$$

中央提供主体认可制度变迁策略概率的复制动态方程为

$$\frac{\mathrm{d}y}{\mathrm{d}t} = y(u_{Cd}-\bar{u}_C) = y(1-y)z\{-\Delta\theta(a^{1/\lambda}-a)+[(\theta_0+\Delta\theta)^k-\theta_0^k]b^\lambda\} \tag{3-18}$$

中间提供主体和中央提供主体复制动态方程的导数方程分别为

$$\frac{\mathrm{d}^2 z}{\mathrm{d}t^2} = (1-2z)\{yA[(\theta_0+\Delta\theta)^k-\theta_0^k]-(1-y)\frac{D}{\theta_0}\} \tag{3-19}$$

$$\frac{\mathrm{d}^2 y}{\mathrm{d}t^2} = (1-2y)z\{-\Delta\theta(a^{1/\lambda}-a)+[(\theta_0+\Delta\theta)^k-\theta_0^k]b^\lambda\} \tag{3-20}$$

我们先对中间提供主体倡导制度变迁策略概率的复制动态方程(3-17)作一些分析。根据该动态方程，如果 $y=\dfrac{D/\theta_0}{(\theta_0+\Delta\theta)^k-\theta_0^k+D/\theta_0}$，那么 $\mathrm{d}z/\mathrm{d}t$ 和 $\mathrm{d}^2z/\mathrm{d}t^2$ 始终为零，这意味所有 z 水平都是稳定状态；如果 $y\neq\dfrac{D/\theta_0}{(\theta_0+\Delta\theta)^k-\theta_0^k+D/\theta_0}$，则 $z^*=0$ 和 $z^*=1$ 是两个稳定状态，其中 $y<$

$\frac{D/\theta_0}{(\theta_0+\Delta\theta)^k-\theta_0^k+D/\theta_0}$ 时 $z^*=0$ 是进化稳定策略，$y>\frac{D/\theta_0}{(\theta_0+\Delta\theta)^k-\theta_0^k+D/\theta_0}$ 时 $z^*=1$ 是进化稳定策略。

由于中间提供主体比微观主体更了解中央提供主体，其创新行为被中央提供主体认可程度更大；中间提供主体可以利用广大微观主体的力量，比微观主体具有更强的抗政治风险能力。也就是说，能够保证

$$y[(\theta_0+\Delta\theta)^k-\theta_0^k]-(1-y)\frac{D}{A\theta_0}>y[(\theta_0+\Delta\theta)^k-\theta_0^k]-(1-y)\frac{B}{\theta_0} \tag{3-21}$$

的成立，这也是制度变迁的中间阶段中间提供主体能够起关键作用的原因。

现在我们再分析中央提供主体认可制度变迁策略的复制动态方程(3-18)，如果 $z=0$ 或 $\{-\Delta\theta(a^{1/\lambda}-a)+[(\theta_0+\Delta\theta)^k-\theta_0^k]b^\lambda\}=0$，那么 dy/dt 和 d^2y/dt^2 始终为零，这意味所有 y 水平都是稳定状态；由于 $z\in[0,1]$，如果 $z>0$ 且 $\{-\Delta\theta(a^{1/\lambda}-a)+[(\theta_0+\Delta\theta)^k-\theta_0^k]b^\lambda\}<0$ 时，$y^*=0$ 是进化稳定策略，$z>0$ 且 $\{-\Delta\theta(a^{1/\lambda}-a)+[(\theta_0+\Delta\theta)^k-\theta_0^k]b^\lambda\}>0$ 时，$y^*=1$ 是进化稳定策略。

3.3.2 中央提供主体授权型改革

当中央提供主体主导的市场取向制度供给已进入 θ_i 阶段之后，其中 θ_i 由中央提供主体上一阶段的认知水平 λ_{i-1} 所决定，然而随着时间的推移和 θ_i 的实践，中央提供主体的认知水平已增加到 $\lambda_i>\lambda_{i-1}$，因此中央提供主体本能地具有通过进一步改革来提升其效用水平的愿望。也就是说，λ_i 能够保证 $z>0$ 且 $\{-\Delta\theta(a^{1/\lambda}-a)+[(\theta_0+\Delta\theta)^k-\theta_0^k]b^\lambda\}>0$，这时 $y^*=1$ 是进化稳定策略。但是中央提供主体为了避免因不确定性所可能带来的无法控制的风险，中央提供主体通常不会贸然在全国范围内进一步供给制度创新空间，因此委托和授权中间提供主体进行改革试点就成为必然的理性选择。在授权型改革中，对那些获得授权的中间提供主体来说，最大的好处莫过于消除了制度创新的政治风险，即 $D=0$，那么 $y>$

$\frac{D/\theta_0}{(\theta_0+\Delta\theta)^k-\theta_0^k+D/\theta_0}=0$，$z^*=1$是进化稳定策略。综合来考虑中央提供主体和中间提供主体的复制动态方程，在授权型改革情况下，$y^*=1$和$z^*=1$是博弈的进化稳定策略。

授权型改革是典型的供给主导型制度变迁方式，中央提供主体是制度变迁的第一行动集团，中间提供主体是推动制度变迁的第二行动集团，其制度变迁的原动力是中央提供主体的认知水平λ。其优势是成本低、风险小。但是，授权型改革存在形式单一、领域狭窄，中间提供主体和微观主体的制度创新能力受到约束，知识积累速度较慢等缺点，因面临种种障碍而难以完成向市场经济制度的过渡。

3.3.3 中间提供主体自主的制度创新

授权型改革使各个地方事实上处于不公平竞争状态，改革试点权的获得取决于各中间提供主体和中央提供主体的谈判能力、技巧以及大量的灰色因素，这使得决策过程不民主、不透明。除此之外，制度创新的空间、时机都由中央提供主体决定，试点中间提供主体依附于中央提供主体，缺乏充分的自主权。因此中间提供主体总是试图突破授权改革的约束。事实上，当市场经济制度进入到较高θ_i的阶段之后，λ_i能够保证$z>0$且$\{-\Delta\theta(a^{1/\lambda}-a)+[(\theta_0+\Delta\theta)^k-\theta_0^k]b^\lambda\}>0$成立，这时$y^*=1$是中央提供主体进化稳定策略。由于$\frac{D/\theta_0}{(\theta_0+\Delta\theta)^k-\theta_0^k+D/\theta_0}<1$，总能保证$y^*>\frac{D/\theta_0}{(\theta_0+\Delta\theta)^k-\theta_0^k+D/\theta_0}$成立，这时$z^*=1$是中间提供主体的进化稳定策略。综合来考虑中央提供主体和中间提供主体的复制动态方程，随着λ_i的提高，当市场经济制度进入到较高θ_i的阶段之后，$y^*=1$和$z^*=1$是博弈的进化稳定策略。由此可见，中间提供主体自主的制度创新是可以实现的，它是中央提供主体λ_i进一步提高后的结果。

3.3.4 中间提供主体和微观主体合作博弈型创新

中间提供主体十分清楚其政绩$[(\theta_0+\Delta\theta)^k-\theta_0^k]$最大化实现的基础是本地区微观主体愿意并能够实施$\Delta\theta$的制度创新。由于微观主体的收益与市场经济制度水平呈正相关，因而在中间提供主体之间的竞争压力下，中间提供主体常常会在一定程度上满足微观主体扩大自主权的要求，A 接近 1。所以，在改革的一定阶段，中间提供主体与本地微观主体之间的合作大于冲突。

中间提供主体与本地微观主体之间的合作博弈关系会产生以下影响：一是微观主体的制度创新由中间提供主体出面组织或实施时，减少微观主体政治风险，即存在 $B \to 0$ 的趋势，从而可进一步刺激微观主体的制度创新需求；二是中间提供主体为了争取试点权或中央对其自主制度创新的事后认可，往往用微观主体绩效提高和财政收入增加来佐证其自主制度创新的正当性，减少中间提供主体政治风险，即存在 $D \to 0$ 的趋势；三是最中间提供主体成为微观主体与中央提供主体讨价还价来获得最大化利益的低成本集体行动组织。因此，在中间提供主体与本地微观主体之间合作博弈的情况下，容易满足 $y > \frac{B/\theta_0}{(\theta_0 + \Delta\theta)^k - \theta_0^k + B/\theta_0} \to 0$ 和 $y > \frac{D/\theta_0}{(\theta_0 + \Delta\theta)^k - \theta_0^k + D/\theta_0} \to 0$，这时 $x^* = 1$ 和 $z^* = 1$ 分别是中间提供主体与微观主体的进化稳定策略；其实当市场经济制度进入到较高 θ_i 的阶段之后，λ_i 能够保证$\{-\Delta\theta(a^{1/\lambda} - a) + [(\theta_0 + \Delta\theta)^k - \theta_0^k]b^\lambda\} > 0$ 成立，这时 $y^* = 1$ 是中央提供主体进化稳定策略。到那时，微观主体将成为制度创新的第一行动集团，从而过渡到需求诱致型制度变迁方式。

3.3.5 三元演化博弈模型均衡解的数值模拟

上面本书利用三元动态博弈模型就中央提供主体、中间提供主体和微观主体的行为作了理论上的分析。在中央集权型的国家里，中央提供主体行为决定制度变迁及其变迁方式，然而中央提供主体行为又由中央提供主体的效用水平所决定，但效用水平又受到认知水平的影响。但由于模型的参数较多，形式颇为繁杂，不利于作进一步探讨。因此，本书下面采用数值模拟的方法，对模型作更深入的分析。

在中央集权型的国家里，中央提供主体的认知水平是影响制度变迁及其变迁方式的关键因素。下面本书就不同认知水平下中央提供主体效用函

数 $U_C=-\theta(a^{1/\lambda}-a)+\theta^k\cdot b^\lambda$ 做若干数值模拟。假定 $k=0.5, a=1.5, b=1.5$，模拟结果详见图 3-8，其中，图 3-8 中的曲线从下到上 λ 分别取 0.2、0.3、0.4、0.5、0.55、0.6、0.7、0.8、0.9 和 1.0。从图 3-8 中可以知道，初始效用水平为零，效用是随着 λ 递增的；在 λ 分别取 0.2、0.3、0.4、0.5 时，曲线的斜率是先正后负，即效用水平随制度水平先增后减，而且拐点处的制度水平随着 λ 递增；在 λ 分别取 0.55、0.6、0.7、0.8、0.9 和 1.0 时，曲线的斜率一直是正的，即效用水平随制度水平递增。因此，在改革的初期，中央提供主体的认知水平 λ 很低的情况，中央提供主体最大可以接受的制度变迁 $\Delta\theta$ 是非常小的（尤其当中央提供主体的认知水平 λ 接近零的时候，制度变迁将给中央提供主体带来巨大的负效用，这是制度变迁很难发生），制度的市场化变迁将是一个缓慢而漫长的过程，而且会受到中央提供主体的严格控制。随着中央提供主体的认知水平 λ 的增加，中央提供主体最大可以接受的制度变迁 $\Delta\theta$ 也随之增加，直到最后可以完全接受制度变迁，这个过程中央提供主体也逐渐放松对制度变迁的管制，直到最后微观主体将成为制度变迁的主导者。通过上面的分析，就中央提供主体的效用曲线来看，制度变迁方式是一个由中央提供主体主导方式到微观主体主导方式转变的过程。

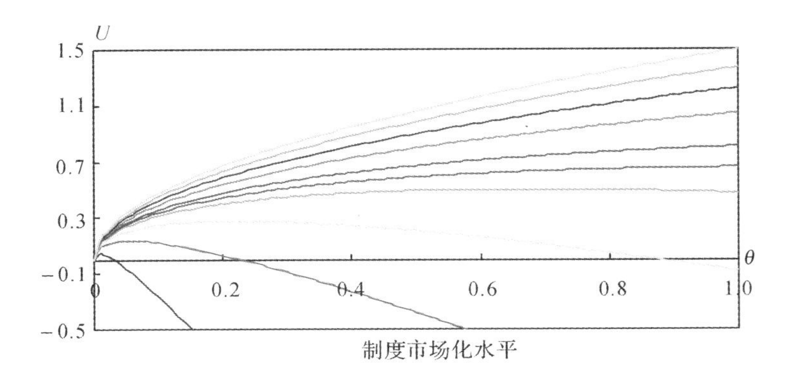

图 3-8　中央提供主体效用曲线

中间提供主体在制度变迁方式转型的过程中起着重要作用。下面本书将对中间提供主体的复制动态方程做若干数值模拟。首先，考虑其在授权型改革的情况下的复制动态方程$\frac{\mathrm{d}z}{\mathrm{d}t} = z(u_{Le} - \bar{u}_L) = z(1-z)yA[(\theta_0 + \Delta\theta)^k - \theta_0^k]$，假设$\theta_0 = 0.35$，$\Delta\theta = 0.01$，$k = 0.5$，$y = 0.5$，$z = 0.1$。数值模拟结果详见图3-9至图3-13。

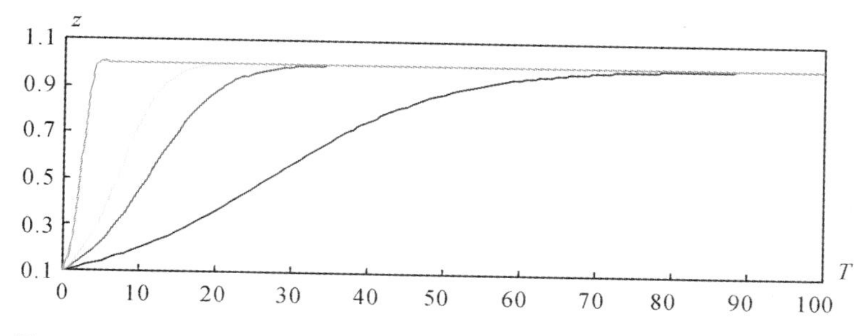

图3-9　中间提供主体进化稳定过程（曲线从右到左$A = 20,50,80,300$）

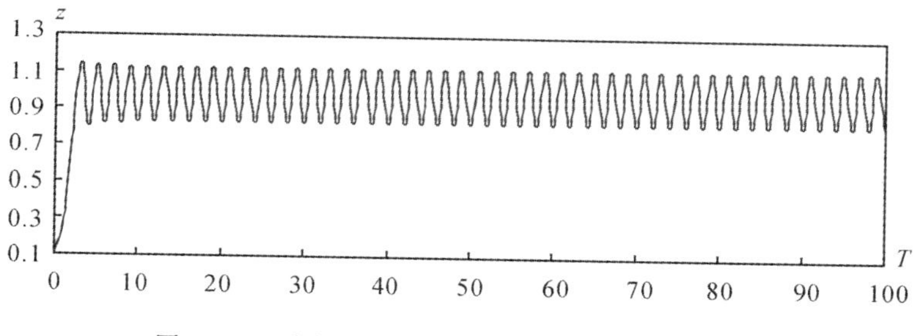

图3-10　中间提供主体进化稳定过程（$A = 500$）

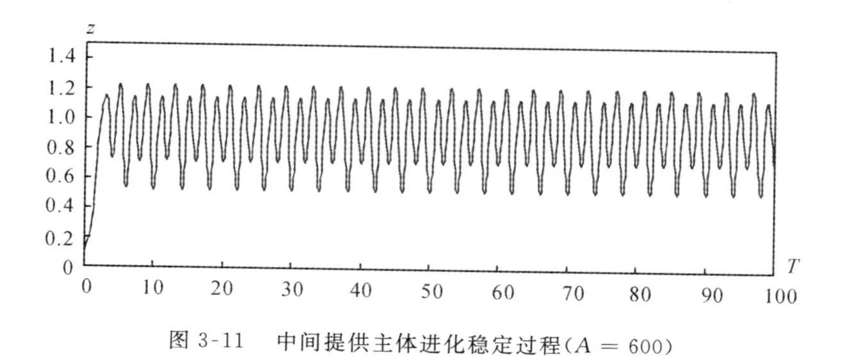

图3-11　中间提供主体进化稳定过程（$A = 600$）

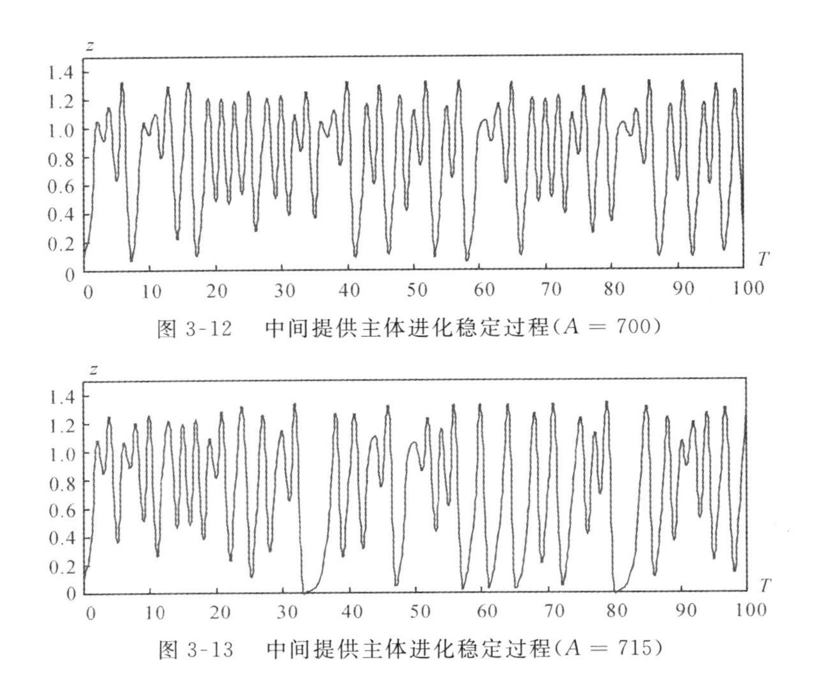

图 3-12　中间提供主体进化稳定过程($A=700$)

图 3-13　中间提供主体进化稳定过程($A=715$)

通过数值模拟，由图 3-9 至图 3-13 可以知道中间提供主体的策略在 A 较小的情况下，可以很好地收敛到 $z^*=1$ 这一点上；但是随着 A 的增大，中间提供主体的策略并没有完全地收敛到 $z^*=1$ 这一点上，而是围绕着 $z^*=1$ 出现振荡现象，而且振荡现象是随着 A 的加大而加剧，并趋向无规则状态。虽然从概率数值上看，中间提供主体倡导制度变迁的概率 $z>1$ 是不合理的，但是从动力学角度看，则说明中间提供主体策略行为出现了混乱状态，产生了混沌现象。混沌的出现是敏感地依赖于系统的初始条件的，初始条件的细微变化能够导致系统未来长期运动轨迹之间的巨大差异。混沌的出现则给中央提供主体对中间提供主体的行为的正确预期带来难度，对经济的平稳运行极为有害。A 反映通过授权型制度变迁中间提供主体获利水平。因此，在授权型改革的情况下，中间提供主体容易在巨大利益诱惑下，产生中间提供主体行为的混乱，比如利用不正当手段进行利益寻租，不利于形成公平竞争的局面以及中央提供主体对改革成果的正确预期。因此，授权型改革因面临种种障碍而难以完成向基于市场机制的水管理制度的过渡。

接着再考虑中间提供主体在自主创新改革的情况下的复制动态方程

$\frac{dz}{dt} = z(u_{Le} - \bar{u}_L) = z(1-z)\{yA[(\theta_0 + \Delta\theta)^k - \theta_0^k] - (1-y)\frac{D}{\theta_0}\}$，该方程与授权型改革的复制动态方程的唯一区别在于 D 的存在，这有利于中央提供主体通过 D 来控制中间提供主体的创新行为，使其较好地收敛到 $z^* = 1$ 这一点上，有利于形成公平竞争的局面以及对改革成果的正确预期。但是如何确定一个合理的 D 又成为新的难题。

最后再考虑中间提供主体和微观主体合作博弈型创新情况，在该情况下，A 接近 1，中间提供主体和微观主体利益趋同，只需考虑微观主体的复制动态方程 $\frac{dx}{dt} = x(u_{Ae} - \bar{u}_A) = x(1-x)y[(\theta_0 + \Delta\theta)^k - \theta_0^k]$，由于 $0 < y[(\theta_0 + \Delta\theta)^k - \theta_0^k] < 1$，这能很好地保证收敛到 $x^* = 1$ 这一点上。因此，微观主体成为制度创新的第一行动集团的需求诱致型制度变迁方式，才是比较理想的水管理制度市场化方向变迁的实现方式。

3.4 当代中国水管理手段创新及实现方式

中央提供主体、中间提供主体和微观主体三元演化博弈模型研究结果告诉我们：中国水管理制度市场化方向改革是在中央提供主体、中间提供主体和微观主体之间的三方博弈中向市场经济制度渐进过渡，三个主体在供给主导型、中间扩散型和需求诱致型的制度变迁阶段分别扮演着不同的角色，从而使水管理制度变迁呈现阶梯式渐进特征。在这样一种制度变迁的框架内，中央提供主体因缺乏制度创新的知识而依赖于中间提供主体的知识积累和传递，但为了控制由不确定性带来的风险也需要防止中间提供主体的“过度”改革；在行政性放权的条件下，中间提供主体希望通过引入市场经济制度解决本地的水短缺问题，赢得中央提供主体认同的最佳政绩，因而具有捕捉潜在制度收益的动机，但中间提供主体的制度创新既要获得中央的授权、默许或事后认可，也需要微观主体在不给他们带来政治风险的前提下积极参与；微观主体为了经济自由和机会也渴望能扩大其自主决策能力的市场经济制度，但难以直接成为中央提供主体的谈判对手和

"搭便车"心理的广泛存在使集体行动难以形成,所以欢迎中间提供主体作为他们廉价的集体行动组织,同时微观主体也受到来自中央提供主体和中间提供主体的制度创新约束。可见,中间提供主体是连接中央提供主体的制度供给意愿和微观主体制度需求的重要中介,也正由于中间提供主体的参与给水管理制度变迁带来了重大影响(Edella Schlager & Elinor Ostrom,1993;Challen Ray,2000)。从制度变迁的机理看,水短缺程度(水价值的提高)是水管理制度变迁的第一内在动因,中央提供主体的认知水平和偏好是启动水管理制度改革的第一推动力,制度成本是制度变迁的现实基础。

从20世纪90年代末开始,在寻求复杂水问题的解决对策过程中,特别是长江洪水、黄河断流、南水北调实施方案的酝酿等水管理实践的推动之下,中国政府有意识地加快了水资源治道变革的步伐。中国的水资源治道变革是在中央政府(中央提供主体)把握和控制下的一场声势浩大的制度变迁,在这场变革中虽然有许多偶然因素和客观因素,但制度的演化还是遵循其本身的规律和演化模式。下面就中国当代水管理手段创新及实现方式的几个问题结合中央提供主体、中间提供主体和微观主体三元演化博弈模型予以分析。

在中国经济体制全面市场化改革不断深化的条件下,为了解决日益短缺的水问题,人们积极探索新的水管理手段。在世纪之交引发了一场"水权和水市场"的大讨论。2000年年底,东阳—义乌永久性水使用权交易案使得"水权和水市场"由理论讨论走向了实践,标志着我国水市场的正式诞生,并从实践中证明了市场机制是水资源配置的有效手段。2002年3月,水利部与甘肃省人民政府联合批准张掖市为全国节水型社会建设试点,试点时间为2002年至2004年,这是典型的供给主导型的制度变迁,目的就是获取制度变迁的知识,以便成功地将"水权和水市场"向全国推广。其实,为了满足发展经济所需的用水问题,我国一直存在着临时的、应急性、地下的、隐蔽的、非法的、变相的、不健全的水买卖、水使用权交易或水市场。例如,浙江舟山本岛水资源紧缺,每到干旱季节,就用轮船从长江口和宁波运淡水,连居民生活用水也要限时限量供应,这种现象促成了舟山向大陆跨海引水项目的实施。在浙江温州乐清等地的水库供水区,曾经发生农村和城市、农业内部种植业和养殖业之间的矛盾。一些个体户为了得到投资大、效益好的养殖业的“救命水”，曾自发地与从事种植业的农民协商，要求高价转让水使用权；这促成了乐清在楠溪江从永嘉引水。绍兴河网曾多次从萧山引钱塘江的水；慈溪曾经协商向上虞引水，已经实现了从余姚引水；永康曾计划从仙居引水；我国香港地区买东江水；我国澳门地区买西江水。上述都是水使用权交易。这些现象表明，我国水使用权的流转和水市场的启动已经有了客观需要和物质基础。

但是，目前我国的水市场尚未发育，水管理手段正处于转型期，即处于从“单一的行政计划手段”向“行政计划手段和市场手段有机结合”的转变过程中，“行政计划手段和市场手段有机结合”也是符合我国现状的水管理的合理模式，然后，经过一段时间再逐渐过渡到以水市场为主的水资源管理模式。在这个转变过程中，中间提供主体尤其是地方政府将发挥积极的作用。具体表现为：①在天然河流水资源分配，地方政府积极参与“政治协商”，为本地区争取更多的水量，但不排除在协商过程中采用补偿机制、甚至市场机制；②对于主要依靠工程取得的新增水资源，地方政府积极参与“市场交易”，具体可以由地方政府控股的原水企业参与“市场交易”，为本地区的可持续发展储备战略性水资源；③地方政府在自己的区域内主要发挥三个作用：一是加强区域内取水许可制度和定额管理制度，尝试经济用水的招标、拍卖和挂牌制度，二是加快区域内水价改革步伐，推进供水市场建设，三是加快区域内水业企业的现代企业制度改造。

3.5 本章小结

本章用演化博弈的方法构建了水管理制度变迁模型，并用模型的研究结果来分析当代中国水管理手段创新及实现方式。第一，从理论上论证中央提供主体与微观主体二元博弈情况下的制度变迁困境。第二，从理论上论证了中国水管理制度市场化取向改革是在中央提供主体、中间提供主体和微观主体之间的三方博弈中向市场经济制度渐进过渡，三个主体在供给主导型、中间扩散型和需求诱致型的制度变迁阶段分别扮演着不同的角色，从而使水管理制度变迁呈现阶梯式渐进特征。由于中间提供主体是连接中央提供主体的制度供给意愿和微观主体制度需求的重要中介，也正由于中间提供主体的参与给水管理制度变迁带来了重大影响。从制度变迁的机理看，水短缺程度是水管理制度变迁的第一内在动因，中央提供主体的认知水平和偏好是启动水管理制度改革的第一推动力，制度成本是制度变迁的现实基础。第三，根据中国目前水管理手段正处于转型期的特点，提出了地方政府在水管理手段转型过程中应发挥“政治协商”、“市场交易”和“内部管理”三大作用。

第4章　基于市场机制的水使用权管理的经济分析

对于基于市场机制的水使用权管理的研究，主要围绕着市场机制在水使用权管理中的适用领域及适用条件而展开的，研究的理论框架主要借用了巴泽尔的产权模型。巴泽尔认为所谓“市场”、“企业”或者“政府”、“俱乐部”等组织形式都可以还原成个人以及与之联系着的一组合同。在巴泽尔产权模型中“公共领域”的概念替代了“交易费用”的概念，交易成本定义为权利的转让、获取和保护所需要的成本。巴泽尔本人虽然没有明确使用“博弈”的概念，但他的产权模型运用中充满着博弈论的描述。汪丁丁(1995、1996)则把巴泽尔的研究当成新制度经济学从“交易费用”到“博弈均衡”发展的一个重要转折点。本章则借助巴泽尔产权模型中提出的概念系统与研究框架重点研究了三个问题：一是以楠溪江渔业资源整体承包为例研究了基于市场机制的水使用权初始分配，发现保证水使用权排他性的高成本是该案例失败的主要原因；二是以东阳—义乌水使用权交易为例研究了基于市场机制的水使用权再分配，发现上级政府的支持保证水使用权排他性、可交易性是该案例成功的主要原因；三是根据水资源具有多重属性的特点，通过对科斯定理、巴泽尔的产权理论及基于市场机制的水使用权初始分配和再分配研究的结论，推论出基于市场机制的水使用权管理的适用领域及适用条件。

4.1 基于市场机制的水使用权初始分配的经济分析

基于市场机制的水使用权初始分配是指提供主体通过价格机制完成水使用权在竞争的需求主体之间的分配，实际操作中主要通过招标、挂牌、拍卖、租赁、股份合作、投资分摊等。根据新古典经济学理论，在完全市场经济的条件下，通过价格机制配置稀缺水资源能够实现整体上的最大效益。水资源的市场配置机制还能揭示水资源稀缺信息的功能，克服传统计划配置机制的弊端。正是由于市场机制的这些优点，在水资源稀缺程度日益加剧的条件下，利用市场机制配置水资源越来越受到有关各方的推崇。然而，市场机制的缺点也是十分明显的，主要包括：一是市场机制的运作以合同等规则制度为基础，制定和维持这种规则和制度需要成本；二是水体开放性的特点，保证其排他性需要较高成本；三是水资源具有不可替代性，配置结果的公平性十分重要。本节试图结合楠溪江渔业资源（渔业资源开发经营权是水使用权重要组成部分）整体承包的例子，对基于市场机制的水使用权初始分配予以研究。

位于浙江省温州市永嘉县的楠溪江，是瓯江下游最大的支流，也是国家级风景名胜区。楠溪江除了其美丽的景色外还有宝贵的渔业资源。它共有水域面积3700公顷，其中深潭面积1000公顷，浅滩面积1300公顷，合计可利用渔业水域面积2300公顷。楠溪江江面宽阔，水势平缓，水量充沛，诱饵生物丰富，鱼类品种丰富，合计有50多种，其中包括长鳗、娃娃鱼、香鱼、银鱼等珍稀鱼种，经济价值较高。

长期以来，楠溪江属于公共资源。由于对它的使用具有非竞争性和非排他性，导致“公地的悲剧”，渔业资源不断衰竭。在1984—1998年，楠溪江实行了分段承包制度，承包人共有176个。但在推行分段承包后，弊端又出现了：一些承包人为了眼前的利益，在承包期内进行掠夺性捕捞，水生资源受到毁灭性的破坏。由此，渔业资源配置制度改革势在必行。

在楠溪江渔业资源整体承包的案例中涉及的博弈参与方主要包括：承包人季展敏等四人、沿江居民（尤其是分段承包时100人左右的分段承包户）、县农业局和县公安局。假定他们都是个人利益最大化者。

4.1.1 水使用权初始分配的预期收益分析

1. 承包人的预期收益

1998年10月，浙江《永嘉报》刊登了《楠溪江渔业经营权公开招标公告》。该公告规定投招基数为20万元，由高标者中标。楠溪江全流域承包是前所未有的，公告一公布，立即在永嘉县引起了轰动。季展敏看到公告，眼前立即浮现出小时候只要用石块往江中投去，鱼儿就会四处乱窜的情形。楠溪江是一条没有被污染的江，不仅鱼多，而且品种名贵，还有国家明令保护的娃娃鱼等珍贵鱼类。出于生意人的精明和谨慎，季展敏立即与朋友一起，一边沿着楠溪江对江内的渔业资源进行了一个多月的考察，一边开始向北京、杭州等地的权威水产专家请教。种种考察结果显示：只要对楠溪江的渔业管理好，承包楠溪江一定有不菲的利润。

1998年11月，季展敏等四人以518万元的天价打败了其他的11位竞争对手，一举夺得了楠溪江的使用权。一时间，温州商人包下楠溪江的消息引起了广泛关注，中央电视台等各大媒体纷纷对此事表示了极大的关注，媒体还给季展敏等戴上了"中国第一包江人"的桂冠。包江开始，季展敏等引进、加大了渔业经营项目的投入，引进了多种名贵鱼苗；并邀请各地的水产专家到楠溪江实地考察，制订了包括渔业项目开发、渔业旅游观光在内的多种经营总体规划。

2. 地方政府的预期收益

制度安排的效率由它对国民总财富的影响界定。如果政府部门是一个财富最大化者，而且它的财富正比于国民财富，那么政府部门会在它的权威限度内具有建立最有效制度安排的激励。在案例中，永嘉县农业局一定程度上可以看作这样的一个政府部门。为了了解包江的制度安排对永嘉县农业局的影响，先来看一下楠溪江渔业资源利用方式的历史演变。详见表 4-1。

表 4-1　楠溪江渔业资源产权制度演变(朱康对,2004)

阶　段	时　间	产权拥有者数量	资源费收入(万元/年)	承包段占江面比重
自由捕捞	1984 年以前	全社会	0	无
分段承包	1984—1998 年	176 人	3	一半
整体承包	1998—2005 年	4 人	43	全流域

从永嘉县农业局角度看,在自由捕捞阶段,可以收取的渔业资源费为零;在分段承包阶段,每年可以获得 3 万元的渔业资源费;而在整体承包后,每年平均可以获得 43 万元的预期渔业资源费。虽然渔业资源费并不是农业局公务员可以分享的福利,但至少是该局可以支配和控制的资源。如果永嘉县农业局没有渔业资源费可以收取,恐怕整体承包这一"有利于渔业资源优化配置"的制度变迁就难以完成。如果不是从自身利益最大化而是从公共利益最大化角度考虑问题,那么,只要使楠溪江上的渔业资源得到恢复,不论承包价是 160 万元、300 万元还是 518 万元,农业局所获得效用满足是一样的。

3. 承包人和地方政府预期收益实现前提条件

由于政府部门的有限理性,存在对水使用权初始分配机制选择环境的认知失误,它仍然还是不能提供有效率的制度供给。农业局每年 43 万元资源费收入的实现有一个前提,那就是季展敏等能够实现他们的预期收益目标,但是季展敏等预期目标的实现前提条件是政府能够保证渔业资源产权的排他性。其实,包江案中农业局和承包者的选择都是建立在以下两个假设基础上的:

(1)沿江居民会自觉地遵守法律和法规,不再沿袭"靠水吃水"的做法,不再到楠溪江上捕捞属于承包者的渔业资源。

(2)政府能够经济地保证渔业资源产权的排他性。

但是,实际情况并非如此。第一,居民的意识形态具有一定的刚性,短时间很难改变"靠水吃水"的传统观念。第二,由于楠溪江的特殊环境,有效保证渔业资源产权的排他性的成本很高。

4.1.2 水使用权初始分配的成本分析

巴泽尔认为权利的转让、获取和保护所需要的成本叫做“交易成本”；人们对资产的权利不是永久不变的，权利的有效性是他们自己直接努力加以保护、他人企图夺取和政府予以保护程度的函数，而政府的保护则主要通过警察和法庭予以实施。从名义上看，承包人季展敏获得了楠溪江渔业资源使用权，同时县农业局实现预期收益的前提是承包人季展敏能够实现预期的收益，因此，本书把承包人季展敏和县农业局可以看作一类人，他们努力保护承包人拥有的楠溪江渔业资源使用权；沿江居民，特别是分段承包户（100多人），则可以看作另一类人，他们企图夺取楠溪江渔业资源使用权；县公安局则是第三方保护人。下面本书分别对这三类人的行为予以分析。

1. 承包人和县农业局保护承包人拥有的楠溪江渔业资源使用权行为

季展敏在签好承包合同后不久，意识到承包如此大的水域面积管理难度极大，再加上以前楠溪江多种承包方式并存，渔业管理一直混乱。于是立即成立了永嘉县楠溪江渔业资源开发有限公司。公司着重加大了对楠溪江的管理力度，在沿江的乡镇、重点村都设立了管理站，还组织了约30人的江面巡逻队，配备了近百名临时机动队员，24小时在承包流域内巡江护鱼。

2000年毒鱼、对抗等恶性案件频发以后，永嘉县主管农业的副县长谢崇福曾特意召集永嘉县县政府、农业局、法院、公安局等有关负责人召开会议。会议决定：①由永嘉县政府办公室牵头，会同永嘉县农业、公安、工商等部门组建一支楠溪江渔业管理的联合执法队伍。②对2000年7月16日和7月22日的两起恶性案件，公安部门要成立专案组，限时查处。但令人失望的是，楠溪江的联合执法队一直未能成立。两起恶性案件的当事人至今逍遥法外。

2. 沿江居民侵占承包人拥有的楠溪江渔业资源使用权行为

承包合同签订一年多后，楠溪江承包水域发生了罕见的毒鱼事件。2000年1月1日，在承包的2千米江面上飘满了死鱼，经济损失有10多万元。此后，大面积的毒鱼事件频频发生。据了解，包江以来，沿江两岸的村民电鱼、炸鱼、毒鱼事件不断，仅被公司巡逻队处理的各类事件就有上百起。此外，管理人员在实施管理的过程中，因偷鱼者不服管理而发生的恶性冲突事件不断，管理人员被打伤住院的就有10多起，而这些事件至今没有一件得到圆满处理。虽然毒鱼事件震惊楠溪江两岸，但是楠溪江人还在“偷鱼不算偷”的困惑中徘徊。他们留恋人人能捕鱼的老规矩，又害怕无序捕捞的灾难性后果；他们痛恨炸鱼，希望依法治理，但又不能平等看待同村人和外村人；他们看到了整体承包的好处，但内心依然有些酸楚。显然，群众的传统观念和制度安排存在着一定冲突，从而导致保证承包人和县农业局保护渔业资源排他性的交易成本很高。另外，在包江案中，利益真正受到损害的是分段承包户（100多人），忽略他们的存在、不能争取他们的支持、缺乏对他们受损利益的补偿，也是导致保证承包人和县农业局保护渔业资源排他性的交易成本高的重要原因。但是反过来讲，能有效地实施对他们的补偿吗？这就会涉及一系列难题，补偿给谁？补偿标准多少？显然，要做到这些的交易成本是非常高昂的。

3. 县公安局保护承包人拥有的楠溪江渔业资源使用权行为

县公安局对承包人拥有的渔业资源使用权实施有效保护对承包人拥有的权利的有效性至关重要。但是，县公安局本身又是一个追求自身利益最大化的个体。比如，1999年4月，永嘉县楠溪江渔业资源开发有限公司抓获了一名毒鱼者，因为公司对毒鱼者没有处理的权利，就送到当地公安局派出所，但所长却拒绝接收毒鱼者。答复是：派出所不管类似事件，建议送到渔政站去。以后，公司在抓获盗鱼者时，只有送到渔政站去。但盗鱼者大多是在夜间活动，一时无法送到渔政站，公司只能先将盗鱼者留在公司里。出乎意料的是，一次，公司因此被控非法拘禁，而盗鱼者反倒逍遥法外。虽然永嘉县人民政府也试图查处毒鱼肇事者，但是，大多不了了之。原因之一是农业局和公安局的权利和义务不对称，使得公安局缺乏查处毒鱼事件的激励。笔者在调查中曾经耳闻：“为什么你农业局收取518万元渔业资源费，而我公安局为你充当保护神？”

4.1.3 水使用权初始分配的研究结果

从本质上讲,制度变迁或创新是一项权利的重新界定,经常也是在不同的人群之间重新分配财富、收入和政治权利。如果变迁中受损者得不到补偿,他们将明确反对这一变迁;如果制度变迁不能给他带来利益,他也就不会保护一项权利的重新界定。任何个人的任何一项权利的有效性都要依赖于:①这个人为保护该项权利所做的努力;②他人企图分享这项权利的努力;③任何“第三方”所做的保护这项权利的努力。由于这些努力是有成本的,世界上不存在“绝对权利”(巴泽尔,1994)。楠溪江渔业资源整体承包是地方政府自主的水使用权初始分配机制的创新,但是由于地方政府的有限理性,对水使用权初始分配机制选择环境的认识存在失误,过于乐观的估计基于市场机制的水使用权初始分配的交易成本,尤其是没有认识到保证水使用权排他性的高交易成本,结果是实际的新制度运行交易成本比预期要高得多,不得不放弃新制度。随着制度选择环境的变化,制度变迁也不是不可能实现的。

4.2 基于市场机制的水使用权再分配的经济分析

基于市场机制的水使用权再分配是水资源的需求主体之间利用价格机制转移水使用权,主要有信息对称条件下的讨价还价机制和信息不完全对称条件下的双方叫价拍卖机制。科斯定理告诉我们,一旦初始权利得到界定,仍有可能通过交易来提高社会福利。随着经济的迅速发展与人口的急剧增长,水资源已经越来越稀缺。它不仅影响了人们的生活,而且还制约了经济的进一步发展。因此,在可利用的水资源总量不能增加的情况下,通过水使用权交易可以实现双赢,进而增加社会总财富。本节试图结合东阳—义乌水使用权交易例子,对基于市场机制的水使用权再分配予以研究。

4.2.1 水使用权再分配的动因分析

东阳和义乌是浙江省的两个县级市，改革开放前，两市经济发展在浙江省处于下游水平。改革开放后，市场机制发育早，民营经济发展快，区域经济特色明显，东阳的建筑业和义乌的中国小商品城均驰名中外，经济发展水平名列全省领先地位，均属全国百强县。东阳和义乌两市毗邻，同在钱塘江的重要支流金华江上游，但是两市的水资源状况却大相径庭。东阳市位于义乌之上，水资源相对富裕，境内水资源总量为16.08亿立方米，全人均水资源2126立方米，除满足本市正常用水外，每年有3000多万立方米余水白白流失。义乌位处东阳的下游，水资源相对短缺，多年平均水资源总量为7.19亿立方米，人均水资源1132立方米，远低于浙江省2100立方米和全国2292立方米的水平，更低于全世界7176立方米的水平，是东阳的1/2，水资源的短缺成为制约其发展的"瓶颈"。

东阳和义乌两市经过多次的谈判和协商，2000年11月24日两市签订了有偿转让部分水使用权的协议，义乌市以2亿元的价格一次性购买东阳市横锦水库每年4999.9万立方米水的永久使用权，水质要求达到国家现行一类水的饮用标准。作为配套措施，义乌市另投资新建引水管道工程和新水厂，规划投资分别为3.5亿元和1.5亿元。并且义乌按实际供水量，以0.1元/立方米的价格，按季度支付东阳横锦水库综合管理费。除水资源费按省有关文件规定的平均水价调整外，其他费用一次性商定，除非有新的省级以上文件的规定。东阳和义乌有偿转让水使用权开了国内水权制度改革实践的先河，以实践证明了市场机制能够实现水资源的有效配置。

4.2.2 水使用权再分配的绩效分析

在东阳—义乌水使用权交易案例中涉及的博弈方主要包括：东阳市政府、东阳市老百姓、义乌市政府、嵊州市政府和上级政府(省政府及中央政府)，并假定这五个参与主体都是个人利益最大化者。而水使用权交易的直接参与者是东阳市政府和义乌市政府，从中获得净收益的是东阳市政府、义乌市政府和上级政府，绩效也主要通过三者的净收益而体现。

1. 东阳市政府的净收益

东阳市政府的策略空间：一是不搞节水和增水措施，任其富余的水资源白白流淌；二是采取节水和增水技术，将富余的水资源转让给需水方义乌市政府，实现水资源的价值。早在1995年义乌市就曾经向东阳市提出由横锦水库向义乌市供水的意向，但当时条件没有成熟。虽然当时并未形成水使用权交易的协议，但是，东阳市从中了解到存在义乌市有水资源需求这一重要信息。于是，东阳市首先采取了两大举措：一是实施横锦水库扩(续)建工程和实施横锦水库灌区改造项目。工程投资3880多万元新增城镇供水能力5300万立方米。二是实施境内一支流——梓溪流域开发，投资4500万元左右，可引入横锦水库5000万立方米水。通过两大举措，使得横锦水库增加可供水10000多立方米。该水库在满足灌区农业灌溉及城市供水水量外，还有1.65亿立方米水可以利用。对东阳来讲，实施工程得到的丰余水相当于每立方米1元钱，转让给同饮一江水的义乌后回报的却是4元钱。每立方米水的净收益达到3元，何乐而不为呢？总之，东阳市以3880万元的灌区改造投资和4500万元的梓溪流域开发投资为成本，获取了2亿元的水利建设资金以及每年约500万元的供水收入和新增发电量的售电收入。显然，作为个人利益最大化者的东阳市政府选择了第二个策略。

2. 义乌市政府的净收益

义乌城市供水严重不足，人均仅有1132立方米，水短缺已成为经济社会发展的瓶颈，存在很大的水需求。面对水危机，义乌市政府的策略空间及得益情况：一是在义乌市境内继续寻找水库库址兴建水库或者在原水库基础上扩建，只能解决短期供水问题；二是在邻县例如浦江县购买库址建设水库，也只能解决短期供水，不足以解决远期供水，而且安排水库移民难度大，容易引起产权纠纷；三是向东阳市购买横锦水库的水使用权，既能解决短期供水，又能解决长期供水，而且水质好而且开发成本低。时任义乌市市委书记的厉志海算了一笔账："我们花的钱相当于每立方米4元钱，如果自己建造再加2元也是不够的，而且水质也没有横锦水库的好。"显然，作为个人利益最大化者的义乌市政府选择了第三个策略。

3. 上级政府的净收益

在水短缺已经成为制约经济社会发展的瓶颈的特殊情况下，进行水管理手段创新是各级政府的共同愿望。从本质上讲，创新就是冲破现行的不利于资源优化配置的法律和规则之举。因此，就不必以现行的法律来评判创新的“行”与“不行”。东阳—义乌水使用权交易是中国的首例水使用权交易，以实践证明了市场机制能够实现水资源的有效配置，具有很强的示范效应。上级政府的收益则主要是获取示范效应和创新的实践经验。因为理论创新需要实践创新的支撑，而理论创新成果又可以指导实践创新。而上级政府付出的成本：一是在东阳市和嵊州市就东阳市向梓溪流域引水5000万立方米的问题上发生争执时，上级政府出面协调，给予嵊州市政府给予补贴，采取堤内损失堤外补的办法，如建设上俞水库由省政府给予资金支持；二是按照有关规定，水资源转让总额超过5000万立方米，那么水资源费应该由省级水利主管部门收取，而东阳市政府故意将交易额设计为4999.9万立方米，上级政府却默认东阳市政府在水资源费交易额设计上的“小伎俩”，把5000万立方米水资源费归东阳市政府所有；三是按照当时的《水法》规定“水资源属于国家所有，即全民所有”，因此，地方政府代表国家进行水使用权转让是缺乏法律依据，其合法性令人置疑，损害了国家的权威。作为个人利益最大化者的上级政府选择了上述一系列策略，显然是示范效应和创新的实践经验代表的收益大于其所付出的成本。

4.2.3 水使用权再分配中的利益冲突分析

产权的界定是一个演进过程，每一次交易都改变着产权的界定，经常也是在不同的人群之间重新分配财富、收入和政治权利。在东阳—义乌水使用权交易案例中，利益冲突则主要发生在东阳在获取5000万立方米可交易的水使用权过程中。

1. 横锦水库的水使用权归属问题

横锦水库的水使用权归属可以通过优先占用的水权理论来界定。优先占用的水权理论认为，河流中的水资源处于公共领域，没有所有者，因此，谁先开渠引水并对水资源进行有益使用，谁就占有了水资源的优先使用权，其基本原则为：一是“时先权先”原则，即先占用者具有优先使用权；二是有益用途，即水的使用必须用于能产生效益的活动；三是不用即废，即如果用水者长期废弃引水工程并且不用水（一般为2～5年），就会丧失继续引水或用水的权利。在“水利是农业的根本命脉”的思想指导下，包括横锦水库在内的众多水库大部分采取“政府出钱、农民出力”的办法兴建而成。水库建成后，政府通过发电获得经济收益，灌区农民通过农田灌溉获得收益。因此，根据优先占用的水权理论，东阳市人民政府与灌区农民是横锦水库使用权的共同所有者。显然，东阳市政府单方面有偿转让水使用权给义乌市政府，实现东阳市和义乌市两个市政府“双赢”结局，但是侵犯了灌区农民的合法权益，引起了灌区农民极大的不满。为了消除农民的不满，东阳市在人代会期间派出了10个宣传小组到各代表团进行宣传解释。即便如此，仍然不能完全消除老百姓的不满。

于是，东阳市政府将目光转向梓溪流域的水资源，提出从梓溪流域引水到横锦水库的设想。决定从梓溪流域引水5000万立方米，经过横锦水库出让给义乌市。这样，就可以在横锦水库的原有权属关系不变、不影响农民所拥有的水使用权的前提下实施东阳义乌之间的水使用权交易。

2.梓溪流域水使用权归属问题

梓溪流域5000万方水使用权归属问题是东阳与嵊州冲突的根源，也是决定水使用权交易合法性的重要因素。东阳梓溪流域引水对嵊州市的影响是：总投资1400万元的丰潭厦城引水工程完全报废；总投资6000万元的丰潭电站的发电受到严重影响，降低了丰潭水库的效益；投资1000万元的处于丰潭水库下游的南山水库的电站技术改造扩容效益将受到严重影响；总投资7100万元的嵊州市第二自来水厂南山水库引水工程将不能发挥工程效益。当时的《中华人民共和国水法》第12条“任何单位和个人引水、蓄水、排水，不得损害公共利益和他人的合法权益”、第13条“开发利用水资源……兼顾上下游、左右岸和地区之间的利益”等有明文规定。显然，东阳梓溪流域引水工程晚于以上工程，根据优先占用的水权理论和当时的《水法》，东阳市政府引水的行为侵犯了嵊州市政府的合法权益，存在负外部性。

正因为如此，嵊州市获悉东阳—义乌水使用权交易的消息后，急忙向绍兴市政府打报告，紧接着绍兴市政府又向浙江省政府打报告。省政府也迅速作出反应。由分管省长主持召开嵊州市、东阳市梓溪流域引水协调会议。省政府协调会议并没有否决东阳—义乌水使用权交易，而是向嵊州市给予两个方面的补贴：一是采取堤内损失堤外补的办法，如建设上俞水库由省政府给予资金支持；二是堤内损失堤内补的办法，东阳市延期封洞等。这个会议以上级政府“补贴改革”的政策，终止了东阳市与嵊州市之间的引水合约（行政协调结果），促成了东阳市与义乌市之间的引水合约（市场谈判的结果），保证了水使用权交易的实施。

3. 水资源费的归属问题

按照当时有关规定，水资源转让总额超过5000万立方米，那么水资源费应该由省级水利主管部门收取。在东阳义乌水使用权交易协议中，为使水资源费由东阳市政府获得，故意将交易额设计为4999.9万立方米，为了鼓励制度创新，上级政府却默认了，从而使得东阳市政府获得了5000万立方米的水资源费用。

4.2.4 水使用权再分配的研究结果

东阳—义乌水使用权交易本质上是地方政府发起的，上级政府（省政府及中央政府）支持的试点性质的制度变迁。由于上级政府的支持使得水使用权再分配制度的选择环境适合于基于市场机制的水使用权再分配，从而降低了水使用权交易的交易成本，使得中国首例水使用权交易案以成功结局。通过案例分析，本书得到以下几点结论：

（1）水资源的稀缺程度日益提高，而且需求主体是异质的。也就是说其中一方有水资源的需求，另一方有供给能力，并且具有将丰余的水资源转化为经济效益的激励。交易双方能够通过交易，实现水资源配置的帕累托改进或卡尔多改进。

（2）水使用权是排他的、可交易的。排他性的增强意味着外部性的内在化，但是增强排他性是要付出成本的。在水资源稀缺性尚不突出的时候，还不需要排他性水使用权，因为建立排他性的产权的收益小于产权界定的成本。但是在水资源日益稀缺的条件下，建立排他性的产权的收益要大于产权界定的成本。水使用权的排他性是水使用权交易的前提条件。

(3)重视区域作为水使用权交易主体的作用。区域作为水使用权交易主体之所以重要，是因为无论过去、现在和将来，区域作为相对独立的行政区或者自然形成的流域区，在国民经济和社会生活中发挥着非常重大的作用。在我国由于水资源国家所有，各地区(包括省、市、县级地区)不拥有水资源的所有权，为了尊重地区利益的客观存在，顺应地区对水资源管理的要求，明确区域作为水使用权交易主体地位是非常必要的。同时，水资源的自然属性决定水使用权明确到户成本将是非常高的。因此，区域作为水使用权的交易主体是一个合理的定位。

(4)地方政府作为交易主体情况下的区域内用水户利益保护问题。由于区域水市场尚未建立，因此不能通过用水户的水使用权转让使得各用水户从水使用权转让中获得应得利益，某些弱势群体的既得利益可能会受到损害。

总之，水使用权交易的发生与否取决于交易的收益与成本比较。如果没有净收益的存在，交易是不可能发生的。要保证水使用权交易存在净收益，就需要想方设法降低交易成本。

4.3 基于市场机制的水使用权管理模式的应用条件

从法律的观点来看，财产是一组权力。这些权力描述一个人对其所有的资源可以做些什么的“自由”：一个人可以对其所有的资源可以做些什么，不可以做些什么，决定他在多大程度上可能占有、使用、改变、馈赠、转让其财产的范围。在可能导致产权出现及创新的诸多因素中，经济学家特别强调了由于资源相对稀缺程度的变化而发生的相对价格变化以及人口增长在制度创新尤其在产权演变过程中的作用(科斯，1994)。水使用权管理手段的变革也正是在水资源稀缺和社会经济发展导致人水矛盾激化的情况下有着更为迫切的研究意义。

4.3.1 基于市场机制的水使用权管理的适用领域

商品具有许多属性，其水平随商品不同而各异。要测量这些水平的成本极大，因此不能全面而完全精确。面对变化多端的情况，获得全面信息的困难有多大，界定产权的困难就有多大。巴泽尔(2003)在其《产权的经济分析》指出，“如果资源拥有许多有用的属性而且为了实现资源这些属性的最高价值而把属性分给不同个体所拥有的时候，限制每个个体的权利往往是防止个人侵吞“公共领域”的符合效率的合约安排，对权利的限制构成了对权利的约束，我们也可以说，产权被“稀释”了。巴泽尔举了一个电冰箱所有权的例子：冰箱卖给消费者以后，冰箱厂仍然保留着保修等义务，因此厂家仍然是冰箱某些属性的所有者。这些属性归冰箱厂所有，显然要比消费者所有更有效率。顾客可能因为保修条款而对冰箱使用并不精心。那么承担保修属性所有权的冰箱厂可以通过免责条款(例如冰箱必须按照说明书进行使用；禁止用于商业目的，等等)惩罚滥用者。这样用户的所有权就被“稀释”了：用户所保留的只是在冰箱中存放食品的权利，或者说存放食品这种属性的所有权。限制性条款通过降低无偿占有所造成的浪费增加了用户所拥有的那些属性的价值。

由于水是特殊的资源、特殊的商品，我们通常可以把水资源看成是多种属性的总和。鉴于水资源多元属性的特点，本书认为具有约束性的(被稀释的)水使用权是符合经济效率原则的。在基于市场机制的水使用权配置过程中必须加上一个约束原则：水资源或水使用权的转让必须是满足自己的正常和合理需要之后的剩余部分，受让人必须把交易获得的水使用权优先用于基本生活和生产。

根据上述约束原则，结合水资源不同属性的特点和配置目标，本书将按用途和来源两个方面对水资源配置方式予以讨论。

1. 按水资源用途来分

(1)基本生活用水。基本生活用水是指用于生存的水资源。基本的生活用水必须首先得到保证，其价格不完全由市场来决定，而是主要由政府行政来定价。

(2)生态环境用水。生态环境用水是指维持生态系统和环境而必需的水资源。其中,生态用水是指动物、植物能够保持正常生存状态所需要的水,生态用水侧重人和自然的关系;环境用水是指保持水体自净能力的用水,其侧重人和资源的关系。显然不管是生态用水还是环境用水都是一种非排他性的公共物品,难以进入水市场,应该由政府负责提供。

(3)经济用水。经济用水是指满足基本生活用水和生态环境用水后的剩余部分,具体表现为工业用水、农业用水等多样化的用水,它是具有竞争性的、排他的和利益关联性等私有物品的特征,通过市场机制来协调。

2. 按水资源的来源来分

(1)天然河流的水资源初始分配,将以行政方式为主,具体模式为"地方政治协商,上级行政拍板",但是并不排除协商过程采用补偿机制甚至是市场机制,对于天然河流水资源的再分配则以市场机制为主,这部分交易的水使用权主要是经济用水节约下来的。

(2)依靠工程取得的增量水量采用基于市场机制的方式予以分配,以工程投资量作为增量水使用权分配的重要依据。

综上所述,基于市场机制的水使用权管理适用领域主要是:从用途上看,主要是经济用水;从来源上看,主要是依靠工程取得的增量水量或节约下来的经济用水。

4.3.2 基于市场机制的水使用权管理的前提条件

根据世界银行的研究总结,水市场发挥作用的前提条件比较苛刻,包括如下几个方面:①市场有可以定义的产品来交易;②水需求大于水供给;③水权供给具有流动性;④购买者的权利要有保障;⑤水权体系要能够调节冲突;⑥水权市场要有可调节性;⑦存在用户补偿机制;⑧要具有文化和社会价值观对水市场的可接受性;⑨可持续的资金来源。巴泽尔(2003)认为,个人对资产的产权由消费这些资产、从这些资产中取得收入和让渡这些资产的权利或权力构成;而任何个人对一项资产的任何一项权利的有效性都要依赖于:①这个人为保护该项权利所做的努力;②他人企图分享这项权利的努力;③任何"第三方"所做的保护这项权利的努力;由于这些努力都是有成本的，所以任何一项权利都不是完全界定了的，“租”在任何情况下是存在的，对于一个潜在的寻租者而言，寻租的边际成本等于该寻租者在其享有的权利下能够得到租的边际增量。因此，本书认为实行基于市场机制的水使用权管理需满足以下几个前提条件：

1. 确立水使用权交易主体

如果交易成本为零，那么无论产权如何界定，当事人之间的谈判都会导致那些使财富最大化的安排，即市场机制会自动地驱使人们谈判，使资源配置达到最优。也就是说，如果交易成本等于零，只要水使用权交易主体是清晰的，权利的任意配置都可以无成本地得到直接相关经济主体的纠正，可交易权利的初始配置不会影响它的最终配置或社会福利。因此，确立水使用权交易主体是实行基于市场机制的水使用权管理的前提条件。

2. 合理分配初始水使用权

在选择把可交易的水使用权界定给一方或另一方时，政府应该把水使用权界定给最终导致社会福利最大化，或社会福利损失最小化的一方。一旦初始水使用权得到界定，仍有可能通过交易来提高社会福利。但是，由于交易成本为正，交易的代价很高，因此，交易至多只能消除部分而不是全部与权利初始配置相关的社会福利损失。合理分配初始水使用权至关重要。

3. 获取保护水使用权的交易成本要低

排他性的增强意味着实现更有效的权利，意味着水使用权交易主体能够更加有效地控制水使用权产生的收益，由于交易成本的存在，增强排他性是要付出成本的。如果水使用权的排他性无法保证，交易主体握有的水使用权本质上讲只是名义的，实际意义并不强，那么水使用权交易也很难发生。在水资源稀缺性尚不突出的时候，还不需要排他性水使用权，因为建立排他性的产权的收益小于产权界定的成本。但是在水资源日益稀缺的条件下，建立排他性的产权的收益要大于产权界定的成本。水使用权的排他性是水使用权交易的重要前提条件。

4. 要有发育良好的市场

很多资源的市场尚未发育起来，表现为无市场、薄市场和市场竞争不足。目前,我国水市场就属于这种状况,因此,依靠政府调控,培养、建立乃至完善水市场机制将是今后我国水资源体制改革的一项重要内容。

5. 转让水使用权的交易成本要低

市场的正常运转不是没有成本的,交易成本同市场交易的收益相比微不足道,水使用权交易统一发生;否则,当交易成本很高乃至超过交易收益时,交易将难以进行。政府的合理介入与调控将有助于减少交易成本。

6. 要尽可能减小或克服不良的外部效应

外部效应是指团体或个人的行为对活动以外的团体或个人产生的影响,外部效应有好、坏(不良的)之分。水使用权交易的不良外部效应是指交易对未直接加入交易的第三方的不良影响,包括对个人、团体以及生态环境的不良影响,如果产生不良的外部效应,就需要对第三方进行补偿。因此,只有尽可能减少不良的外部效应才有利于水市场的交易。

4.4 本章小结

本章在产权模型的框架下,结合楠溪江渔业资源整体承包和东阳—义乌水使用权交易的例子,对基于市场机制的水使用权初始分配和再分配进行了研究。根据水资源具有多重属性的特点,通过对科斯定理、巴泽尔的产权理论及基于市场机制的水使用权初始分配和再分配研究的结论,推论出基于市场机制的水使用权管理的适用领域及适用条件。研究结果认为,基于市场机制的水使用权管理适用领域主要是:从水的用途上看,主要是经济用水;从水的来源上看,主要是依靠工程取得的增量水量或节约下来的经济用水。实行基于市场机制的水使用权管理需要确立水使用权交易主体、合理分配初始水使用权、获取保护水使用权的交易成本要低、要有发育良好的市场、转让水使用权的交易成本要低和要尽可能减小或克服不良的外部效应这六个前提条件。

第5章　基于市场机制的水经营权管理的经济分析

价格机制作为市场经济的核心机制，因此，从价格管理着手来研究我国水经营权管理的市场化，能够起到以小见大的效果。对于基于市场机制的水经营权管理的经济分析，主要围绕着水经营权管理中价格管理问题而展开的。重点研究了三个问题：一是运用委托—代理模型对基于市场机制的水经营权管理进行了经济分析；二是对中国当代三个城市的城市水业特许经营失败的案例进行分析，认为合同中的风险分配不平等是导致特许经营失败的直接原因；三是在上述研究的基础上提出完善基于市场机制的水经营权管理的对策建议。

5.1　基于市场机制的水经营权管理中的道德风险

基于市场机制的水经营权管理就是政府（提供主体）通过市场契约的方式把水经营权特许给水业企业（生产主体）的过程。从而，政府和水业企业形成了委托—代理关系，其中政府是委托人，而水业企业则是代理人。随着我国市场化进程的不断深入，基于市场机制的水经营权管理的范围也日益扩大。价格机制作为市场经济的核心机制，因此，从价格管理着手来透视我国水经营权管理的市场化，能够起到以小见大的效果。从我国现行水业定价管理的实践看，我国水业定价是属于回报率规制的方法。根据我国《城市供水价格管理办法》和《水利工程供水价格管理办法》规定，城市供水价格由供水成本、费用、税金和利润构成。其中，供水成本是指供水生产过程中发生的原水费、电费、原材料费、资产折旧费、修理费、直接工资、水质检测、监测费以及其他应计入供水成本的直接费用；费用是指组织和管理供水生产经营所发生的销售费用、管理费用和财务费用；税金是指供水企业应缴纳的费用；利润按净资产利润率核定。水利工程供水价格由供水生产成本、费用、利润和税金构成。其中，供水生产成本是指正常供水生产过程中发生的直接工资、直接材料费、其他直接支出以及固定资产折旧费、修理费、水资源费等制造费用；供水生产费用是指为组织和管理供水生产经营而发生的合理销售费用、管理费用和财务费用；税金是指供水经营者按国家税法规定应该缴纳的费用；利润是指供水经营者从事正常供水生产经营获得的合理收益，按净资产利润率核定。因此，从本质上看，我国水业定价管理实施以下定价公式：

$$p = c + B/Q \times (1 + r)$$

$$R = pQ = cQ + B \times (1 + r)$$

p 为水价，c 为单位可变成本，B 为固定成本，r 为固定成本回报率，Q 为实际销售水量，R 为水业企业的收入。在实际运作中通常的做法是：受管制的水业企业首先向政府提出价格（或回报率）调整的申请，政府对该申请进行考察和评估，并根据价格影响因素的变化情况对其进行必要的修正，以作为某一特定时期内的定价依据。

回报率规制合约虽然被认为是低激励的，但之所以能延续至今也有它存在的合理性。首先，该规制可以防止在位企业制定垄断价格损害消费者利益；第二，该规制能够保证回收投资，维持企业生存；第三，该规制在产业供给不足时，有利于快速形成生产能力和扩大规模，缓解供需矛盾；第四，在该规制下，由于受规制企业对成本业绩没有责任，从主观上不会阻碍企业为提高产品质量（或服务水平）和安全性进行投资；第五，该规制相对于价格上限规制所需的信息量要大，任意性减少，在某种程度上降低了规制机构寻租的可能性。当然，回报率规制也因存在许多众所周知的缺点而备受责难。当回报率大于资金成本时，回报率规制鼓励过度的资本密集效应。按平均成本而不是边际成本定价，会导致分配扭曲，同时回报率规制的“成本加成”特点对降低成本几乎没有激励。从委托—代理的角度看，当代理人的行动不可证实时，或者当合约关系启动后代理人得到了私人信息时，道德风险问题就存在了。显然，水业企业作为代理人具有私人信息。本书主要针对这种规制的道德风险问题进行研究，它是引起规制低效率的最重要原因之一。

5.2 基于市场机制的水经营权管理的委托—代理模型

5.2.1 委托—代理模型构建

在基于市场机制的水经营权管理的委托—代理模型中，提供主体为政府，是委托人；生产主体为水业企业，是代理人。

假设 1：水业企业对水经营权的管理工作是可以量化的，并综合量化为努力参量 e，水经营权产出的收益为 $\pi = \sqrt{B}(\lambda e + \theta)$，其中 θ 是均值为零、方差等于 σ^2 的正态分布随机变量，代表水需求状况、原水供给状况等外生的不确定性因素，或称自然状态，θ 越大，自然状态越好，对水经营权产出的收益越大；B 是固定成本，表示固定成本对收益的影响，当作外生变量；$\lambda(0 < \lambda < 1)$ 是努力程度变量对水经营权收益的影响系数，即能力水平系数。因此，$E\pi = E[\sqrt{B}(\lambda e + \theta)] = \sqrt{B}\lambda e$，$\mathrm{Var}(\pi) = B\sigma^2$，即水业企业的努力水平决定收益的均值，但不影响收益的方差。

假设 2：政府是风险中性的，水业企业是风险规避的。水业企业激励报酬采用线性形式：$s(\pi) = \alpha + \beta\pi$，其中 α 是水业企业的固定报酬，β 是水业企业分享的水经营权的收益，即水经营权收益 π 每增加一个单位，水业企业的报酬增加 β 单位。$\beta=0$ 意味着水业企业不承担任何风险，$\beta=1$ 意味着水业企业承担全部风险。因为，政府是风险中性的，给定 $s(\pi)=\alpha+\beta\pi$，政府的期望效用等于期望收入：

$$Ev(\pi-s(\pi))=E(\pi-\alpha-\beta\pi)=-\alpha+(1-\beta)\sqrt{B}\lambda e$$

假设 3：水业企业的效用函数具有不变绝对风险规避特征，即 $u=-e^{-\rho\omega}$，其中 ρ 是绝对风险规避度量，ω 是实际货币收入。水业企业所付出的成本也是可量化的，且是 e 的函数，记为 $C(e)$。成本函数 $C(e)$ 是严格递增的凸函数。为了简化起见，假定 $C(e)=ke^2/2$，这里 $k>0$ 代表成本系数：k 越大，同样的努力 e 带来的负效用越大。那么，水业企业的实际收入为：

$$\omega=s(\pi)-C(e)=\alpha+\beta\sqrt{B}(\lambda e+\theta)-ke^2/2$$

确定性等价收入为

$$\overline{\omega}=E\omega-\rho B\beta^2\sigma^2/2=\alpha+\beta\sqrt{B}\lambda e-\rho B\beta^2\sigma^2/2-ke^2/2$$

其中，$E\omega$ 是水业企业的期望收入，$\rho B\beta^2\sigma^2/2$ 是水业企业的风险成本；当 $\beta=0$ 时，风险成本为零。

水业企业的参与约束即个人理性化约束（IR）为：$\omega\geqslant\omega_0$ 其中 ω_0（$\omega_0=(1+r)B$）是水业企业的保留收入。在最优情况下，参与约束等式成立，因为政府不必支付水业企业更多。即

$$\overline{\omega}=E\omega-\rho B\beta^2\sigma^2/2=\alpha+\beta\sqrt{B}\lambda e-\rho B\beta^2\sigma^2/2-ke^2/2-\omega_0=0$$

水业企业的激励约束（IC）采用一阶条件，即 $\mathrm{d}\overline{\omega}/\mathrm{d}e=0$，得出：

$$e=\beta\sqrt{B}\lambda/k$$

于是基于市场机制的水经营权管理的委托—代理模型成为以下的最优化问题：

$$\max_{\alpha,\beta,e} Ev=-\alpha+(1-\beta)\sqrt{B}\lambda e \tag{5-1}$$

s. t. $$(IR)\overline{\omega}=\alpha+\beta\sqrt{B}\lambda e-\rho B\beta^2\sigma^2/2-ke^2/2-(1+r)B\geqslant 0 \tag{5-2}$$

$$(IC)e=\beta\sqrt{B}\lambda/k \tag{5-3}$$

5.2.2 委托—代理模型分析

1. 信息对称条件下的委托—代理模型分析

首先考虑政府可以观测水业企业努力水平 e 时的最优合同。此时，激励约束 IC 不起作用，任何水平的 e 都可以通过满足参与约束 IR 的强制合同实现。因此，政府的问题是选择 α 和 β 解下列最优化问题：

$$\max_{\alpha,\beta,e} Ev = -\alpha + (1-\beta)\sqrt{B}\lambda e$$

$$\text{s.t.}\ (IR)\overline{\omega} = \alpha + \beta\sqrt{B}\lambda e - \rho B\beta^2\sigma^2/2 - ke^2/2 - (1+r)B \geqslant 0$$

因为在最优情况下，参与约束的等式成立，将参与约束取等号代入目标函数，上述最优化问题可以重新表述如下：

$$\max_{\alpha,\beta,e} Ev = \sqrt{B}\lambda e - \rho B\beta^2\sigma^2/2 - ke^2/2 - (1+r)B$$

$$e^* = \lambda\sqrt{B}/k,\ \beta^* = 0 \tag{5-4}$$

将上述结果代入水业企业的参与约束得：

$$\alpha = \lambda^2 B/2k + (1+r)B \tag{5-5}$$

这是帕累托最优的合同。因为政府是风险中性的，水业企业是风险规避的，帕累托最优风险分担要求水业企业不承担任何风险（$\beta^* = 0$），政府给予水业企业的担保即水业企业的固定收入刚好等于水业企业的保留收入加上努力的成本；最优努力水平要求努力的边际期望收益等于努力的边际成本，即 $ke/\sqrt{B}\lambda = 1$，因此，$e^* = \lambda\sqrt{B}/k$。因为政府可以观测到水业企业的选择 e，只要政府在观测到水业企业选择了 $e < \lambda\sqrt{B}/k$ 时，就支付 $\underline{\alpha} < \overline{\omega} < \alpha^*$，水业企业就一定会选择 $e = \lambda\sqrt{B}/k$，最优风险分担与激励没有矛盾。

但是，如果政府不能观测到水业企业的努力水平 e，上述帕累托最优是不能实现的。这是因为，给定 $\beta = 0$，水业企业选择 e 最大化自己的确定性等价收入 $e = \beta\sqrt{B}\lambda/k$，一阶条件意味着：

$$e = \beta\sqrt{B}\lambda/k \Rightarrow e = 0 \tag{5-6}$$

就是说，如果水业企业的收入与水经营权收益无关，水业企业将选择 $e = 0$，而不是 $e = \lambda\sqrt{B}/k$。

2. 信息不对称条件下的委托—代理模型分析

现在让我们来考虑努力水平 e 不可观测时的最优合同。因为给定 α 和 β,水业企业的激励相容条件是 $e=\beta\sqrt{B}\lambda/k$,政府的问题是选择 α 和 β 解下列最优化问题:

$$\max_{\alpha,\beta} Ev=-\alpha+(1-\beta)\sqrt{B}\lambda e$$

$$\text{s.t.}\ (IR)\ \overline{\omega}=\alpha+\beta\sqrt{B}\lambda e-\rho B\beta^2\sigma^2/2-ke^2/2-(1+r)B\geqslant 0$$

$$(IC)\ e=\beta\sqrt{B}\lambda/k$$

将参与约束 IR 和激励约束 IC 代入目标函数,上述最优化问题可以重新表述如下:

$$\max_{\alpha,\beta} Ev=B\beta\lambda^2/k-\rho B\beta^2\sigma^2/2-B\beta^2\lambda^2/2k-(1+r)B$$

一阶条件为:$B\lambda^2/k-\rho B\beta\sigma^2-B\beta\lambda^2/k=0$

即 $$\beta=\lambda^2/(\lambda^2+\rho k\sigma^2)>0 \tag{5-7}$$

显然,与信息对称情况相比,信息不对称情况下水业企业必须承担一定的风险。其承担风险大小取决于能力水平系数 λ、努力成本系数 k、风险规避度 ρ 以及外生随机变量方差 σ^2。其中,水业企业承担风险大小与风险规避度 ρ、努力成本系数 k 以及外生随机变量方差 σ^2 成反比,而与能力水平系数 λ 成正比。政府加强激励,有利于提高水业企业的努力程度。

将 β 代入激励约束 IC 得到水业企业的努力程度:

$$e=\sqrt{B}\lambda^3/(k\lambda^2+\rho k^2\sigma^2) \tag{5-8}$$

将 β 代入政府期望收益函数,得到政府期望收益:

$$Ev=\frac{B^2\lambda^4}{2k(B\lambda^2+\rho k\sigma^2)}-(1+r)B \tag{5-9}$$

对式(5-9)求导得,

$$\frac{\partial Ev}{\partial\lambda}>0,\frac{\partial Ev}{\partial\rho}<0,\frac{\partial Ev}{\partial k}<0,\frac{\partial Ev}{\partial\sigma^2}<0 \tag{5-10}$$

直观地讲,水业企业的能力越强,政府的期望收入越高;水业企业越是风险规避型,政府的期望收入越低;水业企业的努力成本系数越大,政府期望收入越低;不确定因素越多,政府期望收入越低。$\frac{\partial Ev}{\partial B}$ 先是大于零,后小于零，存在$\frac{\partial Ev}{\partial B}=0$，即合理控制固定成本，可以实现政府最优的期望收益。

因此，政府为了克服代理风险，提高期望收入，一方面要激励水业企业提高努力水平（道德风险问题），另一方面要选出优秀的水业企业（逆向选择问题），最后还要控制合理的投资规模和减少不确定因素。

3. 内生交易费用分析

当政府不能观测水业企业的努力水平时，存在两类在对称信息下不存在的代理成本，即内生交易费用。一类是上面提到的由帕累托最优风险分担无法达到而出现的风险成本（risk costs），另一类是由较低的努力水平导致的期望收益经损失减去努力成本的节约，简称为激励成本（incentive costs）。因为政府是风险中性的，努力水平可观测时政府承担全部风险意味着风险成本为零；当政府不能观测水业企业的努力水平时，水业企业承担的风险为$\beta=\lambda^2/(\lambda^2+\rho k\sigma^2)$，风险成本为：

$$\Delta RC=\rho B\beta^2\sigma^2/2=\frac{\rho B\lambda^4\sigma^2}{2(\lambda^2+\rho k\sigma^2)^2} \tag{5-11}$$

这是净福利损失。

为了计算激励成本，首先注意到，当努力水平可观测时，最优努力水平为$e^*=\lambda\sqrt{B}/k$；当努力水平不可观测时，政府可诱使水业企业自动选择的最优努力水平为：

$$e=\sqrt{B}\lambda^3/(k\lambda^2+\rho k^2\sigma^2)<\lambda\sqrt{B}/k \tag{5-12}$$

就是说，非对称信息下的最优努力水平严格小于对称信息下的努力水平。因为期望收益为：$E\pi=\sqrt{B}\lambda e$

期望收益的净损失为：

$$\Delta E\pi=\Delta e=\sqrt{B}\lambda(e^*-e)=\sqrt{B}\lambda\left(\frac{\lambda\sqrt{B}}{k}-\frac{\sqrt{B}\lambda^3}{k(\lambda^2+\rho k^2\sigma^2)}\right)=\frac{\lambda^2 B\rho\sigma^2}{\lambda^2+\rho k\sigma^2} \tag{5-13}$$

努力成本的节约为：

$$\Delta c=C(e^*)-C(e)=\frac{\lambda^2 B}{2k}-\frac{B\lambda^2\lambda^4}{2k(\lambda^2+\rho k\sigma^2)^2}=\frac{\lambda^2 B(\rho^2k^2\sigma^4+2\lambda^2\rho k\sigma^2)}{2k(\lambda^2+\rho k\sigma^2)^2} \tag{5-14}$$

所以激励成本为：

$$\Delta E\pi - \Delta c = \frac{\lambda^2 B\rho k\sigma^2}{k(\lambda^2 + \rho k\sigma^2)} - \frac{\lambda^2 B(\rho^2 k^2\sigma^4 + 2\lambda^2\rho k\sigma^2)}{2k(\lambda^2 + \rho k\sigma^2)^2} = \frac{kB\lambda^2\rho^2\sigma^4}{2(\lambda^2 + k\rho\sigma^2)^2} \tag{5-15}$$

总代理成本为：

$$AC = \Delta RC + (\Delta E\pi - \Delta c) = \frac{\rho B\lambda^2\sigma^2}{2(\lambda^2 + k\rho\sigma^2)} > 0 \tag{5-16}$$

由此可以看出，代理成本与水业企业固定成本 B、水业企业风险规避度 ρ、能力水平系数 λ、外生随机变量方差 σ^2 成正相关，但与努力成本系数 k 成负相关。

5.2.3 委托—代理模型的拓展分析

1. 激励强度系数的敏感性分析

如果在合同中引入一个可观测的其他变量，如水需求情况、原水供应情况等，在一定程度上可增加对水业企业的激励强度。设 z 为另一个可观测的其他变量，并假定 z 与努力水平 e 无关，但可能与外生随机变量 θ 相关进而与 π 有关。假定 z 服从均值为 0、方差为 σ_z^2 的正态分布。此时激励合同为：$s(\pi) = \alpha + \beta(\pi + \gamma z)$，其中 β 代表激励强度；γ 表示水业企业的收益与 z 的关系：如果 $\gamma = 0$，水业企业的收益与 z 无关。政府的问题是选择最优的 α、β 和 γ 以最优化下列问题：

$$\max_{\alpha,\beta} Ev = -\alpha + (1-\beta)\sqrt{B}\lambda e$$

$$\text{s.t.}\ (IR)\ \overline{\omega} = \alpha + \beta\sqrt{B}\lambda e - \rho\beta^2(B\sigma^2 + \gamma^2\sigma_z^2 + 2\gamma\sqrt{B}\,\mathrm{Cov}(\pi,z))/2$$
$$- ke^2/2 - (1+r)B \geqslant 0$$

$$(IC)\ e = \beta\sqrt{B}\lambda/k$$

将参与约束 IR 和激励约束 IC 代入目标函数，上述最优化问题可以重新表述如下：

$$\max_{\alpha,\beta} Ev = B\beta\lambda^2/k - \rho\beta^2(B\sigma^2 + \gamma^2\sigma_z^2 + 2\gamma\sqrt{B}\,\mathrm{Cov}(\pi,z))/2 - B\beta^2\lambda^2/2k -$$
$$(1+r)B$$

最优化的一阶条件为：

$$\beta = \lambda^2/(\lambda^2 + \rho k(\sigma^2 - \mathrm{Cov}(\pi, z)/\sigma_z^2) \tag{5-17}$$

$$\gamma = -\sqrt{B}\mathrm{Cov}(\pi, z)/\sigma_z = 0 \tag{5-18}$$

由于

$$\beta = \lambda^2/(\lambda^2 + \rho k(\sigma^2 - \mathrm{Cov}(\pi, z)/\sigma_z^2) > \lambda^2/(\lambda^2 + \rho k\sigma^2) \tag{5-19}$$

同时

$$\mathrm{Var}(s(\pi, z)) = \beta^2(B\sigma^2 + \gamma^2\sigma_z^2 + 2\gamma\sqrt{B}\mathrm{Cov}(\pi, z)) \geqslant \mathrm{Var}(s(\pi)) \tag{5-20}$$

因此，只要 π 与 z 的相关系数不为0，即 $\mathrm{Cov}(\pi, z) \neq 0$，政府通过将 z 写进合同，就可以提高水业企业的激励强度，提高其努力水平，同时也可以减小政府的代理成本，从而增加政府的期望收益。

2. 激励合同下的监督问题

由式(5-9)可知，在激励合同下，政府的期望收益为：

$$Ev = \frac{B^2\lambda^4}{2k(B\lambda^2 + \rho k\sigma^2)} - (1 + r)B$$

显然，如果政府能够降低方差 σ^2，总的确定性收入就可以提高。降低 σ^2 的办法之一是加强监督，但是监督是要花费成本的，政府必须在收益和成本之间求得平衡。令 $M(\sigma^2)$ 为监督成本函数，满足 $M(\infty) = 0, M(0) = \infty$，$M'(\sigma^2) < 0$ 和 $M''(\sigma^2) > 0$，不妨进一步令 $M(\sigma^2) = d/\sigma^2$，d 表示监督的困难程度（d 越大监督越困难）。净福利函数为：

$$W(\sigma^2) = \frac{B^2\lambda^4}{2k(B\lambda^2 + \rho k\sigma^2)} - (1 + r)B - d/\sigma^2 \tag{5-21}$$

政府的问题是选择 σ^2 最大化上述福利函数，最优化的一阶条件为：

$$\frac{\rho B^2\lambda^4}{2(B\lambda^2 + \rho k\sigma^2)^2} = d/\sigma^4 \tag{5-22}$$

上式左边是降低 σ^2 的边际收益，右边是降低 σ^2 的边际成本。当 $\rho = 0$ 时，即水业企业是风险中性的，政府的收益是固定的，没有代理成本，因此，政府没有必要去监督水业企业；而当 $\rho > 0$ 时，通过监督水业企业来降低 σ^2，也可以通过强化对水业企业的激励，从而降低代理成本。

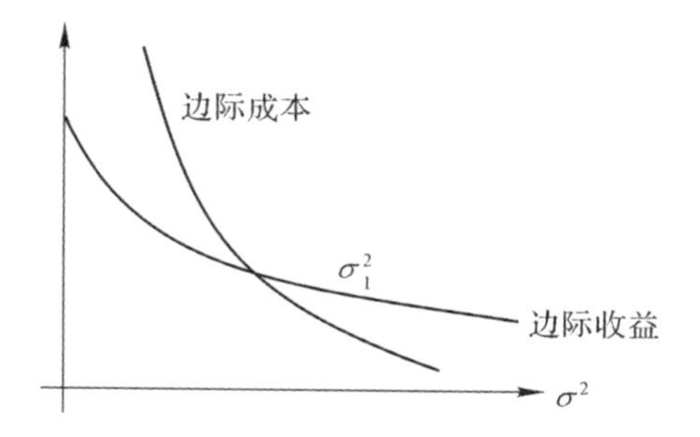

图 5-1 监督的边际成本和边际收益

图 5-1 反应了最优方差的决定，边际成本随 σ^2 的下降而上升，边际收益也随 σ^2 的下降而上升，但边际成本的上升速度快于边际收益的上升速度（当 $\sigma^2 \to 0$ 时，边际收益趋向于 $\rho/2$，但边际成本趋向于 ∞）。如果 $\rho = \rho_1$，最优的方差是 σ_1^2，当方差大于 σ_1^2 时，边际收益大于边际成本；当方差小于 σ_1^2 时，边际收益小于边际成本。由式(5-22) 可得

$$\sigma^2 = \left(\sqrt{\frac{\rho}{2d}} - \frac{\rho k}{B\lambda^2}\right)^{-1} \tag{5-23}$$

对式(5-23) 求导得，

$$\frac{\partial\sigma^2}{\partial\lambda} < 0, \frac{\partial\sigma^2}{\partial B} < 0, \frac{\partial\sigma^2}{\partial k} > 0, \frac{\partial\sigma^2}{\partial d} > 0 \tag{5-24}$$

直观地讲，水业企业的能力越强，边际生产率越高，监督带来的边际收益越高，政府监督带来的边际收益也就越高，政府监督的积极性也就越高；固定成本越大，监督带来的边际收益越高，政府监督带来的边际收益也就越高，政府监督的积极性也就越高；水业企业努力的边际成本越大，在给定的激励强度 β 下，水业企业付出的努力越少，且在给定 σ^2 下激励强度下降，监督边际的收益也降低，政府监督的积极性相应也降低；监督越困难，监督的边际成本越高，政府监督的积极性越低。

5.3 城市水业特许经营中的困境分析

从 1990 年开始，我国城市水业的市场化改革开始起步。第一阶段，打

破垄断，开放市场，允许并鼓励民营和国外资本进入城市水业市场。2002年年底，建设部颁布了《关于推进市政公用行业市场化进程的意见》，明确了城市水业市场化改革为主要方向。第二阶段，引入制度化的竞争机制。2004年5月开始实施的《市政公用行业特许经营管理办法》，开始要求比较规范地建立包括城市供水和污水处理在内的特许经营的制度，把特许经营作为一种主要的模式，应用在中国城市水业改革的实践中。这一阶段中，政府通过招标的方式，与特许经营公司签订定期服务合同。以合同的方式规范企业和政府的行为，实现双赢的目标。调查表明，虽然各省市都相继出台了具体的实施办法，对于推动城市水业市场化进程起到了积极的作用，但实施过程中矛盾重重，主要包括政府越位和缺位、特许经营企业非效率化等问题。就其本质而言反映了两个方面的问题：一是特许经营在什么范围里实施、以什么样的模式实施是有效率的？二是围绕着特许经营的实施，政府应如何进行职能转变，进行有效率的管理。目前，对于这方面的讨论文献数量较多，但观点不一，存在着较大争议，因此理清这两者各自面临的问题及两者之间的关系，对于加快城市水业市场化改革，提高城市水业的运作效率有着重要的意义。

城市水业特许经营本质上是基于市场机制的水经营权管理。从制度变迁角度看，这个制度变迁是由中央政府推动的，地方政府具体实施。本书将以成都、沈阳和上海三个城市的城市水业市场化改革实践为案例，来研究基于市场机制的水经营权管理。案例中主要涉及成都自来水六厂B水厂、沈阳第八水厂和上海浦东水厂。

5.3.1 特许经营的模式比较[①]

沈阳、上海和成都的案例表明，各地在选择特许经营企业方面是比较成功的。尽管目的可能有所差异，但都在不同程度上引入了更有效率的企业。例如，上海和沈阳引入了法国通用水务和法国水务投资公司；在成都，

① 傅涛等，2006；水利部水资源司，2004；天则公用事业研究中心，2004；张燎，2006；申余，2004。

共有5家公司进入了招标备选对象，法国通用水务集团(现威利雅水务)—日本丸红株式会社投标联合体为项目中标人，并于1998年7月由成都市人民政府与该联合体草签了项目特许权协议及其附件。在特许经营的具体模式上，沈阳、上海和成都三个城市虽然各有侧重，但基本上是类似的。第一种，以沈阳为代表，更强调了产权转让，经营期限不超过30年，是比较典型的出售模式。出售产权的过程中，政府仅获得了转让资金，企业通过公司化改造，打包上市，不仅仅获得了固定的投资回报，也通过上市获得了资金。第二种，以上海为代表，是比较典型的特许经营模式。政府通过整体出售的方式，将原有的运营部分与其他部分剥离，将运营权全部转让给企业，企业通过实际运营获取投资回报，政府通过出让获得资金，最长经营期限不超过50年。第三种，以成都为代表，建设和经营合一，经营期限为新建2.5年和运营15.5年，是比较典型的BOT模式。但是，成都、沈阳和上海的政府都缺乏对水业企业进行有效的管制和监督。

5.3.2 地方政府和企业的动机及策略均衡

1. 地方政府和企业的动机[①]

(1)地方政府的动机

地方政府的主要动机就是希望从市场化过程中获得必要的建设资金。沈阳在产权转让过程中获益将近1.2亿元，从租赁合同中，租赁水库取水建筑物和输水管道，每年能够获得租金率5.4%。上海的整体出让产权50%，获益20.3亿元。成都则从建设资金困境中摆脱出来，不仅仅建设了项目，而且基本有效地进行了运营(第一年0.96元/立方米、最后一年1.56元/立方米)。这些都非常明确地表明，政府在基础设施建设中，可以利用多种方式，不必要完全依赖政府财政拨款和水业企业贷款方式。

(2)企业的动机

企业逐利是其根本动机，水业企业也是如此。尽管进入者花费了很大

① 傅涛等，2006；水利部水资源司，2004；天则公用事业研究中心，2004；张燎，2006；申余，2004。

的代价获得了进入权利，但他们的利润基本都得到了保障。在沈阳，则明确采用固定投资回报，2～3 年按 12%，4～5 年按 15%，之后按 18%；在上海，尽管受到了一些约束，存在风险压力，但城市水业市场规模的扩大为企业的盈利带来了机会，企业通过效率改善和主辅剥离，最大限度地保障了企业生产的有效运行；在成都，购买净水协议和 BOT 合同中固定了自来水的销售数量、价格等，实质是固定投资回报。

本书认为城市水业市场化改革，改善城市水业效率应是政府的首要目标，其次才是获取建设需要的资金。显然，从三个城市的案例中可知，获取建设需要的资金成为政府首要目标，而改善城市水业效率退而居其次；水业企业则把目标定位于获取利润。从短期和静态角度看，特许经营合同基本上实现了双方各自的目标。但是，从长期和动态角度看，由于需求主体的需求情况等不确定性都缺乏考虑、固定投资回报的方式让水业企业缺乏自我激励、政府又缺乏行之有效的管制和监督机制等诸多因素，往往导致实际的代理成本远大于预期的代理成本，实际的收益远小于预期的收益，结果是城市水业市场化改革最终以政府回购而告终。这从一个侧面反映了仅从满足城市基础设施建设所需资金出发，政府盲目进行市场化改革，盲目承担承担经营风险，最终不利于合同动态有效率的实现。如果在合同中引入一个可观测的其他变量，如水需求情况、原水供应情况等，在一定程度上可增加对水业企业的激励强度，能减少代理成本，提高效率。

2. 地方政府和企业的策略均衡

地方政府和企业动机的转换，客观上形成了地方政府要资金，企业要固定回报率的策略均衡。在引入资金是地方政府最大需求和愿望的前提下，可供地方政府选择的策略是：要么放松门槛，引入资金，摆脱财政压力；要么自己投资或贷款建设，自己承担投资成本和经营风险。企业由于城市水业市场化进程不明晰，市场化程度不高，水价能否变动预期不明确，同时水业企业又是风险厌恶型的，显然，在水业企业对政府不能形成良好预期的情况下，绝对风险规避度量 ρ 是比较大的，采用固定回报率的方式补偿其投资成本，是最适宜的策略。因此，在地方政府把获取建设资金作为首要目标和水业企业绝对风险规避度量 ρ 比较大的情况下，（资金，固定回报率）是双方均衡策略，但这个均衡不一定是有效率的。

固定回报率是三个案例的合同中所反映的最有争议的内容，是地方政府与进入企业签订合同的基础，也是政府吸引外资进入的最优惠的条件。无此条件，合同则不可建立。三个案例最初出现争端都源于此。实际上，关于固定回报率的争论由来已久。首先，固定回报率是建立在严格审计、供需条件比较稳定和信息编码程度高等的基础上；其次，固定回报率会导致过度投资和弱激励。上述三个案例都没有对需求主体的需求情况进行更为清晰地分析，即$\sigma^2 \rightarrow \infty$，地方政府为了引资的需要，与企业签订了风险严重不对等的固定回报率合同，一旦突发事件出现，合同难以为继。

5.3.3 地方政府承诺的可信度分析

任何一种融资方式都有其优缺点，固定回报率也无所谓好坏之分。企业固定回报率的策略选择是在相关制度不完善条件下，出于风险规避的理性选择；反过来讲，在信用程度受到很大怀疑的情况下，地方政府依靠固定回报率来引资几乎就成为唯一策略。但从目前来看，地方政府对需求主体未来的需求状况不明的情况下（$\sigma^2 \rightarrow \infty$），固定回报率给其带来了巨大的风险，突发事件的出现，使合同难以为继，这是影响政府承诺可信程度的客观原因。影响政府承诺的可信度的主观原因是政府承诺缺失。承诺缺失就是指对承诺主体无法实行长期有效的制度化约束，承诺主体就利用此缺陷牟取自身利益。在政府承诺缺失的情况下，水业企业的绝对风险规避度量ρ将会趋向于∞。目前，政府承诺缺失主要体现在（励效杰，2006）：

（1）地方政府缺乏自我实施的雇佣合同。地方政府的决策实际上由地方政府官员作出。由于我国目前政府官员的考核都是建立在自上而下的系统之中，尽管当地政府的绩效是考核的重要部分，但最终裁决权仍然被保留在组织部、人事部等上层部门。当地政府可以不必要对当地需求主体的实际利益负责而滥用自己的承诺。上述三个案例都或多或少地反映了当地政府希望将其作为政绩工程、样板工程的愿望，而每一次地方政府的换届往往是对上届政府行为的否定。

（2）独立第三方仲裁机构的缺失。地方政府在实施市场化进程中，只考虑了引资问题，而没有进一步考虑独立第三方仲裁机构问题，但是城市水业又涉及一定的专业问题，以致运营过程中出现的各种问题完全通过政府的行政手段来维护，交易费用相对较高。地方政府“运动员”和“裁判员”的双重角色，缺乏一种制衡机制，激励地方政府承诺缺失的行为。

（3）法律的缺失。在没有法律依据条件下，各地方政府制定的各种政策都可以被推翻或者修正。承诺缺乏法律依据，以合同为基础的特许经营机制就失去了赖以生存的条件，形成了承诺的缺失。

总之，城市水业特许经营的困境可以用以下逻辑链予以概括：政府承诺缺失 $\Rightarrow$ 水业企业的绝对风险规避度量 ρ 将会趋向于 $\infty \Rightarrow$ 利用信息优势，水业企业选择一个固定回报率 $\Rightarrow$ 政府为了引资，接受水业企业固定回报率的策略选择 $\Rightarrow$ 地方政府对需求主体未来的需求状况等不确定性不明的情况下（$\sigma^2 \rightarrow \infty$），固定回报率给其带来了巨大的风险，突发事件的出现，合同难以为继。

5.4 基于市场机制的水经营权管理的激励监督机制构建

基于市场机制的水经营权管理是建立在以合同为基础的管制模式上的，如果缺乏对合同签订、谈判以及实施过程的管制，效率就很难体现出来。城市水业特许经营典型案例分析表明，目前我国的管制体制远远无法适应市场化改革的要求，无法有效和有限的承诺导致“承诺缺失”，严重阻碍了水业市场化发展的进程。解决这一困境的唯一途径就是建立一个完整的正式制度，引导政府干预的角色转换，促进这一改革的有效实施。然后，在政府有效承诺和有限承诺的基础上，建立一个风险分担，激励相容的管制机制。

1. 加强政府的信用建设，降低水业企业的风险规避程度

青木昌彦认为，在民主型国家，政府遵循法律规则的一个源泉是交易

者[①]不具备垄断权力的竞争性市场,反过来,以法治为基础的第三方治理机制可以扩大市场交换的域(杨瑞龙,1994)。因此,政府信用建设应从两个方面着手。

(1)强调利益集团之间谈判空间的对等

不同利益集团的势力决定不同利益集团的谈判能力及谈判空间;不同利益集团的谈判能力及谈判空间最终决定不同利益集团的收益。强调利益集团势力的均衡,主要是为政治市场合约选择提供必要的和对等的谈判空间。只有考虑到各方面的利益要求,政策选择才能体现各群体的利益。在利益集团势力相当的条件下,即不同利益集团匿名的情况下,通过政治交易能够实现各群体的利益。在利益集团势力不平衡的条件下,选择的结果只能体现最有力量的利益群体的利益,容易造成政府与强势利益集团的勾结,导致其他群体或弱势群体的利益受损,这就不能增进社会福利。因此,在正式制度中,需要一个相应的制度安排,为弱势群体提供必要的对话和谈判空间,对受损群体提供相应的补偿机制,这些都有利于政府的信用建设,从而为有效实现以合同为基础的管理模式奠定基础。

(2)加强以法治为基础的第三方治理机制建设

行政仲裁在被管制产业的市场化进程中占据重要角色。在我国目前的管制体系中,政府具有"准"司法性质的裁决权利,拥有巨大的自由裁量权,它可以针对不同的产业特征,自由制订具体的实施方案。由于缺乏相应的约束,导致了权力滥用和管制权的缺失。因此,减少自由裁量权程度,有必要将政府和管制机构的责权分离,让管制机构独立承担责任和相应的权利,同时促使管制裁量权的程序化。尽管行政仲裁在被管制产业的市场化进程中占据重要角色,但司法制度仍然对正式制度的完善起到了根本的作用。司法制度的完善程度主要体现在两个方面:一是明确相关各方的义务和权利,尤其是规范企业在竞争性市场和受管制市场中的行为,促进有效竞争和有序竞争;二是相关各方出现争端时,提供一个最终裁判人的角色。司法制度完善的关键是树立司法的权威,降低司法执行的成本。

---

① 交易者指的是政治域里的私人参与者。

2. 推进风险分担、激励相容和监督有效的管制机制建设

任何产业的效率都来自于竞争，包括产品市场上的竞争、资本市场上的竞争和经理人市场上的竞争，水业也不例外。因此，提高水经营权管理的效益，首要的是要培育和促进竞争机制的建立和完善。在完全竞争状态下，企业具有强的自我激励，此时的合同能够实现帕累托最优。但是，水业自然垄断的特征决定了它难以形成完全的竞争，同时，信息不对称的普遍存在，政府又很难观测到水业企业努力水平 e，此时，完善对水业企业的激励机制和监督机制尤为重要。

（1）政府应根据水业企业的特点和实际情况选择合适的激励水平

在信息不对称的情况下，水业企业必须承担一定的风险。水业企业承担风险大小与风险规避度 ρ、努力成本系数 k 以及外生随机变量方差 σ^2 成反比，而与能力水平系数 λ 成正比。政府必须根据水业企业的特点和实际情况选择合适的激励水平。另外，政府还必须克服逆向选择问题，选择出优秀的水业企业来管理水经营权。

（2）政府应根据水业企业的特点和实际情况选择合适的监督水平

在信息不对称的情况下，水业企业的能力越强，边际生产率越高，监督带来的边际收益越高，政府监督带来的边际收益也就越高；固定成本越大，监督带来的边际收益越高，政府监督带来的边际收益也就越高；水业企业努力的边际成本越大，在给定的激励强度 β 下，水业企业付出的努力越少，且在给定 σ^2 下激励强度下降，监督边际的收益也降低；监督越困难，监督的边际成本越高。因此，政府必须根据水业企业特点和实际情况选择合适的监督水平。

（3）细化特许经营合同，减少委托—代理成本

特许经营合同的细化，能够提高对水业企业的激励，减少代理成本，从而提高政府的收益。因此，在特许经营合同中尽量把一些事后可观测的不确定性因素写入合同，比如水的需求状况、未来城市发展后如何协调等，这样有利于减少代理成本，减少争端。

5.5 本章小结

本章从价格管理着手来研究我国水经营权管理的市场化情况，发现基于市场机制的水经营权管理存在着道德风险问题，并建立了基于市场机制的水经营权管理的委托—代理模型对道德风险问题进行系统的研究。在此基础上，对城市水业特许经营的困境进行了研究，困境产生的原因可以概括为这样一个逻辑链：政府承诺缺失 ⇒ 水业企业的绝对风险规避度量 ρ 将会趋向于 ∞ ⇒ 利用信息优势，水业企业选择一个固定回报率 ⇒ 政府为了引资，接受水业企业固定回报率的策略选择 ⇒ 地方政府对需求主体未来的需求状况等不确定性不明的情况下（$\sigma^2 \rightarrow \infty$），固定回报率给其带来了巨大的风险，突发事件的出现，合同难以为继。最后，针对水业特许经营中存在的实际问题，提出了加强政府的信用建设，降低水业企业的风险规避程度和推进风险分担、激励相容和监督有效的管制机制建设两个对策建议。

第6章　基于市场机制的水经营权管理的效率评价

管理作为决定经济效率的关键性因素之一，好的管理将激励个体进行生产性投资，改善社会整体性产出，使其带来的效率和效益为劳动者和消费者所分享。基于市场机制的水经营权管理就是政府通过市场契约的方式把水经营权特许给水业企业的一系列过程。本章的主要任务是以定量的方式来研究基于市场机制的水经营权管理的效率问题，寻找影响水经营权管理效率的影响因素，进一步加深对第5章理论和定性研究的认识，从而为实践中的水经营权管理市场化改革提供理论依据。在实践中，水经营权一般是由水业企业进行直接运作，因此，从另一个角度看，水经营权的管理问题也就是政府对水业企业的管理问题。在效率评价的具体操作过程中，本章选择水业企业作为评价主体，以求寻找政府对水业企业的管理手段与经济效率的关系；评价的标准为效率和公平，当水业企业向工商企业提供产品和服务时，注重效率；当水业企业向居民提供产品和服务时，注重公平。因此，水业企业的运作效率能够代表水经营权管理的效率。

6.1 基于市场机制的水经营权管理的效率问题

近些年来，水业，即通常所称的水的生产和供应业，作为水开发、利用和保护等重要环节的实际经营承载主体，无论在西方还是在中国，政府管理手段方面都已经或正在经历一场变革，即从传统的公有公营这种一体化模式向特许经营、租赁经营、私有私营等市场化模式转变。因此，对水业这一特殊领域的政府相关管理手段的运作效率进行评价具有较好的现实基础和研究价值。从现实来看，即使在改革已经基本完成的西方发达国家，尽管市场化模式有了很大的发展，但公有公营的一体化模式仍然占有重要的一席之地，水业目前仍然是多种经营模式并存的局面。为什么有的地方公有公营模式被市场化模式取代，而有些地方又没有呢？国内外目前的主流观点是市场化模式较公有公营模式更有效率。确实，一些研究显示(Gatty，1998)，从地方政府中脱离出来，由竞争型企业经营，在一定条件下会相应地提高绩效(Gatty，1998)。但另一些研究(Menard & Shirley，1999)显示，相似的市场化合约结果存在着显著的差异性。以此为基础，现有的研究还延伸到了一些关于中国水业市场化改革制度设计和具体措施问题，如张曙光、毛寿龙等认为完善政府管制制度、强化和提升政府管制水平是解决市场化负面影响的关键；周汉华还认为必须解决法律规定的不完善，从法律和制度上解决市场化中的一系列实践问题，王俊豪等介绍了西方发达国家如英、美等国的水业市场化历史，从国际经验中为中国市场化改革寻找可资借鉴之处，此外还有很多关于具体的市场化方式如BOT、TOT等的具体操作问题、市场化中的融资问题等的研究(张曙光，2003；天则经济研究所，2002)。在国外，Claude、Menard和Stephane、Saussier(2002)选取1993—1995年服务的人口占法国全部人口总数72.6%的2109家供水单位为样本，对不同的治理模式进行计量分析。其研究结果表明，只有在公有公营这一模式与理论所揭示的相应的交易成本特征发生误配时，市场化模式(租赁或特许经营模式)下的水业企业的绩效才相对要好。

但是当交易的特征符合交易成本经济学对一体化的预测时，租赁和特许经营的相对优势就消失了。

因此，无论是从现实还是从已有的理论研究结果来看，在水业中似乎都不存在一种最佳的模式，合理的推测是，在有的场合是公有公营模式占优势，而在有的场合又可能是其他的模式占优势，但是，影响这些模式绩效差异的具体因素又是什么？本章尝试应用数据包络分析方法评估我国水业企业的运作效率，实际研究中首先通过不同指标组的运作效率比较寻找影响水业企业运作效率的若干影响因素，然后再通过 Tobit 回归模型进一步研究影响水业企业运作效率的若干影响因素，以此寻求提升我国水业运作效率的改革策略。本章的第二节介绍水经营权管理的效率评价指标体系，第三节介绍管理效率的超效率 DEA 两阶段评价方法，第四节评价数据选取及对评价结果进行分析，第五节是本章的研究小结。

6.2 水经营权管理的效率评价指标体系

6.2.1 指标体系建立的原则

评价指标体系，是为完成一定研究目的而由若干相互联系的指标组成的指标群。指标体系的建立不仅要明确指标体系由哪些指标组成，更应明确指标之间的相互关系，即指标结构。系统中元素即指标，结构即指标元素之间的相互关系。水业作为传统意义上的公用事业行业之一，其经营的目标是公平和效率兼顾。行业的特殊性决定对水业企业进行运作效率，从评价指标的设计上必须充分考虑公平和效率指标的兼顾。从目前相关各方对水业关注的管理问题来看，主要可以归纳为以下几点：一是水业是否应该引入市场化模式；二是如何发挥水价的作用；三是水业企业员工工资是否存在偏高的问题；四是水业是否存在 A-J 效应。本书试图在充分考虑水业行业（水经营权）特殊性的基础上，设计若干指标体系对上述问题予以回答，从而为完善水业的相关管理提供依据。由于水业的相关管理问题极其复杂，本书的研究是尝试性的。尽管本书的研究是尝试性的，但研究的科学性也是非常值得重视的；因此在进行指标体系构建时，应遵循如下原则。

(1)科学性原则

科学性是制定水业企业运作效率(水经营权管理效率)评价指标体系的基础。水业企业运作效率(水经营权管理效率)评价指标的科学性原则主要包括三个方面的内容：①指标的选取和设计必须以投入—产出理论为依据，能够真实反映一定的投入在产出目标上的实现程度；②指标的选择、量度的确定、数据的收集和计算方法的界定均应以相关的统计报告、学术理论、管理科学等科学理论为依据；③指标的选取还要符合国家制定的有关标准，这样才能保证评价方法的科学性、评估结果的真实性和客观性。

(2)目标性原则

不同国家水业所处的发展阶段不同，面临的问题也不一样，因此在制定我国水业企业运作效率(水经营权管理效率)评价指标体系时，应结合我国经济转型、要素制约明显和城市化加快的特点，选择有代表性的综合指标和主要指标，便于对各界关注的问题予以回答。

(3)可操作性原则

所选择的水业企业运作效率(水经营权管理效率)评价指标应具有较强的可测性和可比性。一方面，应注意指标数据的易获取性，符合国际惯例标准且相应的统计数据易于收集的指标应尽量选用，并选择具有代表性且计算方法易掌握的指标；另一方面，指标要便于纵向和横向比较，能既反映不同地区水业企业运作效率(水经营权管理效率)的差异，又能揭示不同地区间政府对水业企业管理手段(水经营权管理手段)的差异。

6.2.2 指标体系及研究方案设计

一套完整的指标体系主要包括指标及其相互之间的关系，即指标结构。本书把研究中的指标体系中的基本指标分为三大类：投入指标、产出指标和环境因素指标。效率指标是通过投入指标和产出指标计算得到的。对水业企业运作效率的测度存在的一个主要困难就是如何定义这些水业企业的投入、产出与服务。就目前国内外的研究文献来看，对水业企业的投入产出没有统一的定义。从水业企业提供的产品和服务来看，可以分为满足人类经济活动的基本需求和多样化需求。为了操作上的方便，本书假定生活用水主要是满足人类经济活动的基本需求，而生产经营用水主要是满足人类经济活动的多样化需求。水业企业满足人类经济活动基本需求主要关注的是公平，而满足人类经济活动多样化需求则主要关注的是效率。从企业为了提供上述产品和服务所使用的资产来看，主要包括流动资产、固定资产、劳动力和原材料。本书将基于上述视角来定义水业企业的投入和产出，并据此设计了四组不同的投入和产出指标进行研究，试图对社会各界关注的若干水业管理问题予以回答。详见表 6-1。

表 6-1　水业企业投入—产出指标

方案	投入指标	产出指标	备　注
一	流动资产年平均余额、固定资产原价、成本费用及附加和全部从业人员年平均数	供水销售产值、用水人口和人均日生活用水	主方案
二	流动资产年平均余额、固定资产原价、成本费用及附加和全部从业人员工资福利总量	供水销售产值、用水人口和人均日生活用水	与主方案比较测度人员工资福利效应
三	流动资产年平均余额、固定资产原价、成本费用及附加和全部从业人员年平均数	供水总量、用水人口和人均日生活用水	与主方案比较测度水价效应
四	流动资产年平均余额、固定资产原价、成本费用及附加和全部从业人员工资福利总量	供水总量、用水人口和人均日生活用水	与主方案比较测度工资福利及水价综合效应

效率评价值，除了由选择的投入、产出指标生成外，还要受到投入、产出指标以外的“环境”因素的影响。由于我国经济转型、要素制约明显和城市化加快的特点，本书认为这些影响因素包括水业企业的制度因素，主要反映政府对水业企业的管理手段，用水业企业的股权结构和水业企业的资本结构描述；所在地区的水资源稀缺程度，用地区人均水资源量描述；所在地区的城市特征，用所在地区城市人口密度描述；所在地区的市场化水平，用樊纲等研究的地区市场化进程指数描述，这是一个比较综合的指

标，既能反映政府的民主化程度，也能反映地区市场经济的发育程度，其实，政府的民主化程度往往和地区市场经济发育程度是密切相关的。本书采用方案一的水业企业运作效率与影响因素的关系进行分析，方案二、方案三和方案四的效率进行简单分析加以参考。本书对水业企业运作效率和各类环境影响因素的关系如表6-2中的若干假设所示。

表6-2 中国各地区水业企业运作效率和影响因素若干假设

假设	内容	预期关系
1. 企业资产负债率	NA	NA
2. 地区市场化水平	地区市场化水平与水业企业生产效率成正比	+
3. 城市人口密度	城市人口密度与水业企业生产效率成正比	+
4. 人均水资源量	人均水资源量与水业企业生产效率成正比	+
5. 非国有和集体资本比率	NA	NA

6.3 管理效率的超效率DEA两阶段评价方法

6.3.1 超效率DEA两阶段评价方法的评价思路

效率是衡量水业机构经营业绩的重要标准，效率值的高低可以反映水业机构的资源利用效果以及整体经营状况，因而效率分析本身也就成了水业机构业绩评价的一种有效方法。水业机构效率的研究方法分为参数方法和非参数方法两种，其出发点都是构建一个生产前沿面，某企业与该前沿面的距离就是这个企业的技术效率或称前沿效率。前沿效率是一个相对概念，不同样本组、不同定义及计算方法都可能得出不同的效率值。DEA是一种线性规划技术，是最常用的一种非参数前沿效率分析方法，最初由Charnes、Cooper和Rhodes(1978)提出，用于评价公共部门和非营利机构的效率。DEA方法的特点或者说优势在于以下几点：首先，它是一种可以用于评价具有多投入、多产出的决策单位的生产(或经营)效率的方法，由于DEA不需要指定投入产出的生产函数形态，因此它可以评价具有较复杂生产关系的决策单位的效率；其次，它具有单位不变性的特点，即DEA衡量的DMU的效率不受投入产出数据所选择单位的影响；第三，DEA模型中投入、产出变量的权重由数学规划根据数据产生，不需要事前设定投入与产出的权重，因此不受人为主观因素的影响；最后，DEA可以进行差异分析、敏感度分析和效率分析，可以进一步了解决策单位资源使用的情况，可以供管理者的经营决策参考。结合水业企业运作效率（水经营权管理效率）评价具有多目标、多投入和投入产出的生产函数形态难以确定的特点，因此，本书选择DEA方法作为评价水业企业运作效率（水经营权管理效率）的基本方法，具有较好的可行性和合理性。超效率DEA两阶段评价方法就是对一般DEA方法的一个重要改进，该方法主要克服了一般DEA方法的两个缺点：一是对于多个同时有效的决策单元无法做出进一步的评价与比较；二是DEA模型得到的效率评价值，除了有选择的投入、产出指标经DEA生成外，还要受到投入、产出指标以外的“环境”因素的影响。超效率DEA两阶段评价方法评价的思路是：首先通过超效率DEA模型及一般DEA模型评价出决策单元的不同含义的效率值，超效率DEA模型弥补了一般DEA模型在多个同时有效的决策单元无法做出进一步的评价与比较这一缺陷，使有效的决策单元之间也能进行比较。其基本思想是：在评价某个决策单元时，将其排除在决策单元的集合之外（Andersen P. & Peterson N. C.，1993）；然后，进行超效率值（被解释变量）对环境因素（解释变量）的回归，要求环境因素不能与第一步的投入、产出指标相同，并由解释变量的系数判断环境因素对效率值的影响方向和影响程度。

6.3.2 超效率DEA两阶段评价方法的评价步骤

1. 超效率DEA模型及其求解过程

DEA的BCC模型和CCR模型，大家都已经比较熟悉了，如何通过上述模型求解技术效率、纯技术效率、规模效率和规模报酬情况等，本书不再做数理上的详细介绍，重点来介绍超效率DEA模型。超效率DEA模型是众多 DEA 模型之一，它克服了一般 DEA 模型对于多个同时有效的决策单元无法做出进一步的评价与比较的缺点。为了更好地掌握超效率 DEA 模型，本书下面将从最基本的投入导向型的 BCC 模型开始介绍，以便说明超效率 DEA 模型与最基本的 BCC 模型的区别。假设 n 个地区的水业企业利用 K 种投入生产 M 种产出，对于第 j 个地区水业企业，分别用向量 X_j 和 Y_j 表示：

$$X_j = (x_{j1}, x_{j2}, \cdots, x_{jK})', Y_j = (y_{j1}, y_{j2}, \cdots, y_{jM})', j = 1, 2, \cdots, n$$

那么数据包络分析中的 BCC 模型，它的投入最小化形式是：

$$\begin{aligned}
&\min \theta_k \\
\text{s. t.}\quad &\sum_{j=1}^{n} X_j \lambda_j \leqslant \theta_k X_k \\
&\sum_{j=1}^{n} Y_j \lambda_j \geqslant Y_k \\
&\sum_{j=1}^{n} \lambda_j = 1 \\
&\lambda_j \geqslant 0,\ j = 1, 2, \cdots, n,\ k = 1, 2, \cdots, n
\end{aligned}$$

这里 θ_k 就是被考察单位的效率值，其值满足 $0 \leqslant \theta_k \leqslant 1$。当 $\theta_k = 1$，表明该被考察单位是效率前沿面上的点，因而处于有效率状态；当 $\theta_k < 1$ 时表明无效率。上述最小化形式中去掉 $\sum_{j=1}^{n} \lambda_j = 1$ 这个约束条件，就变成了数据包络分析的 CCR 模型。

超效率 DEA 模型在评价某个决策单元时，将其自身排除在决策单元的集合之外，那么数据包络分析中的超效率 BCC 模型，它的投入最小化形式是：

$$\begin{aligned}
&\min \theta_k \\
\text{s. t.}\quad &\sum_{\substack{j=1 \\ j \neq k}}^{n} X_j \lambda_j \leqslant \theta_k X_k \\
&\sum_{\substack{j=1 \\ j \neq k}}^{n} Y_j \lambda_j \geqslant Y_k \\
&\sum_{\substack{j=1 \\ j \neq k}}^{n} \lambda_j = 1
\end{aligned}$$

$$\lambda_j \geqslant 0,\ j = 1,2,\cdots,n,\ k = 1,2,\cdots,n$$

这里各数学符号经济含义同前，由于在进行第 k 个决策单元效率评价时，使第 k 个决策单元的投入和产出被其他所有决策单元投入和产出的线性组合代替，而将第 k 个决策单元排除在外，而前面的模型是将这一单元包括在内的，一个有效的决策单元可以使其投入按比率增加，其投入增加比率即其超效率评价值。在超效率模型中，对于无效率的评价单元，其效率值与 BCC 模型一致；而对于有效率的评价单元，例如效率值为 1.36，则表示该评价单元即使再等比例地增加 36% 的投入，它在整个评价单元样本集合中仍能保持相对有效(即效率值仍能维持在 1 以上)。

本书在线性规划的求解过程中主要利用 MATLAB 6.5 的优化工具箱。MATLAB 所解的线性规划的标准形式是极小化问题：

$$\begin{aligned} &\min\ f^T X \\ \text{s.t.}\quad & AX \leqslant b \\ & Aeg \times X \leqslant beg \\ & lb \leqslant X \leqslant ub \end{aligned}$$

MATLAB 解上述线性规划的语句为：

$X = \text{Linprog}\ (f, A, b, Aeg, beg, lb, ub)$

2. 超效率值与环境因素的 Tobin 回归

超效率值(被解释变量)对环境因素(解释变量)的回归，由于超效率值有一个最低界限值 0，因此数据被截断，若用普通的最小二乘法对模型直接进行回归，参数估计将是有偏且不一致的。为了解决这类问题，Tobit 提出了解决这类问题的计量经济学模型，其结构如下：

$$y_i = \begin{cases} \beta^T X_i + e_i, & \beta^T X_i + e_i > 0 \\ 0, & \beta^T X_i + e_i \leqslant 0 \end{cases}$$

其中，X_i 是$(k+1)$维的解释变量，β^T 是$(k+1)$维的未知参数向量，$e_i \sim N(0, R^2)$。此模型被称为截取回归模型，该模型的一个重要特征是，解释变量 X_i 取实际观测值，而被解释变量 y_i 则以受限制的方式取值：当 $y_i > 0$ 时，“无限制”观测值取实际的观测值；当 $y_i < 0$ 时，“受限”观测值均截取为 0。可以证明，用极大似然法估计出 Tobit 模型值的 β^T 和 R^2 是一致估计量。本书中

X_i 是 5 维的解释变量，分别为企业资产负债率、非国有和集体资本比率、地区市场化水平、城市人口密度和人均水资源量；y_i 为超效率值。本书在作超效率值与环境因素的 Tobin 回归时，采用的是 Eviews 3.1 软件。超效率 DEA 两阶段评价方法流程如图 6-1 所示。

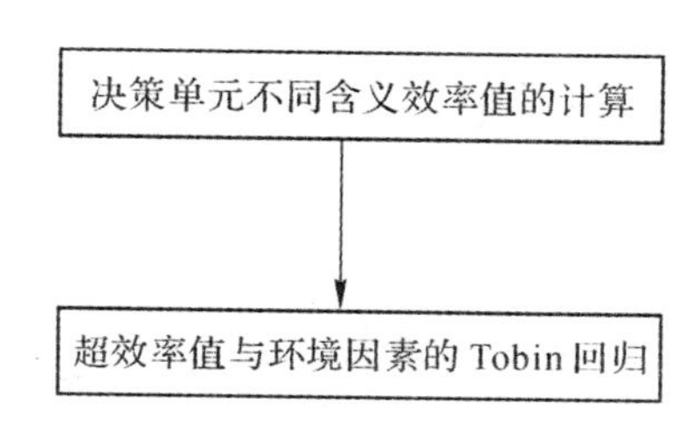

图 6-1 超效率 DEA 两阶段评价方法流程

6.4 数据选择及评价结果分析

6.4.1 数据的选择

本书所选取的投入和产出指标数据来源于 2004 年全国第一次经济普查 31 个省、自治区、直辖市规模以上水的生产和供应业工业企业，样本期为 2004 年，全部数据为截面数据。各省、自治区、直辖市规模以上水的生产和供应业工业企业所占的总资产份额、供水量份额、全部从业人员份额之和约占我国总体水的生产和供应业的 80%左右，所以足以说明问题。本书所选取的 DEA 模型为投入导向的 BCC 模型和投入导向的 BCC 超效率模型，不同效率值的计算是利用 MATLAB 6.5 软件进行的。

此外，本书讨论了超效率值与若干影响因素之间的关系。这些影响因素主要包括水业企业的制度因素，反映政府对水业的管理手段，用企业的股权结构和企业的资本结构描述；所在地区的水资源稀缺程度，用地区人均水资源量描述；所在地区的城市特征，用所在地区城市人口密度描述；所在地区的市场化水平，用樊纲等研究的地区市场化进程指数描述，该指标综合地反映了政府的民主化程度和区域的市场经济发育程度。地区市场化进程指数来自于樊纲等编写的2001—2005年地区市场化进程报告，其余数据来自于2001—2005年《中国统计年鉴》。

6.4.2 水业企业运作效率评价结果

水业企业运作效率评价结果和投入—产出松弛状况详见附录A1—A4和B1—B4。

6.4.3 水业企业运作效率前沿面分析

通过对投入导向水业企业运作效率值的分析，我们可以发现如下几个特点：

首先，四种不同方案水业企业运作达到技术前沿面的地区各不相同，但是吉林、黑龙江、安徽、西藏、宁夏、新疆这六个地区技术效率一直处于前沿面上。

第二，通过方案一和方案三、方案二和方案四的比较可以看出，方案一和方案二的技术效率平均值大于方案三和方案四的技术效率平均值；而技术效率离差值则反之，这个现象可以说明水价总体上促进了水业企业的运作效率，但是各个地区在水价运用的效率上存在着差异。

第三，通过方案一和方案二、方案三和方案四的比较可以看出，方案一和方案二的技术效率平均值大于方案三和方案四的技术效率平均值；而技术效率离差值则反之(见表6-3)。这个现象可以说明水业企业员工的工资及福利水平虽然在各个地区存在一定的差异，但是总体上削弱了水业企业的运作效率。

表6-3 中国各地区水业企业生产前沿面

方案	前沿面省区市	技术效率平均值	技术效率离差值
一	吉林，黑龙江，安徽，西藏，宁夏，新疆，北京，天津，山西，福建，江西，上海，广东，广西，海南，重庆，陕西，甘肃	0.96	0.06

续表

方案	前沿面省区市	技术效率平均值	技术效率离差值
二	吉林,黑龙江,安徽,西藏,宁夏,新疆,天津,山西,福建,江西,湖北,广东,广西,海南,重庆,陕西,甘肃	0.96	0.07
三	吉林,黑龙江,安徽,西藏,宁夏,新疆,北京,上海	0.85	0.19
四	吉林,黑龙江,安徽,西藏,宁夏,新疆	0.80	0.24

第四,从水业企业规模报酬的角度看,水业投资超前现象是存在的。方案一、方案二、方案三和方案四规模报酬递减的省区市分别占 32.3%、35.5%、48.4%和 54.8%(见表 6-4)。因此,从水业基础设施投资建设角度着手,控制其规模,防止规模过度超前十分必要。

表 6-4 中国各地区水业企业生产规模报酬情况

方案	规模报酬		
	递减所占百分比	递增所占百分比	不变所占百分比
一	9.7(3)	58.1(18)	32.3(10)
二	9.7(3)	54.8(17)	35.5(11)
三	25.8(8)	25.8(8)	48.4(15)
四	29.0(9)	19.4(6)	54.8(17)

第五,投入的松弛度分析(见表 6-5)。从方案一来看,流动资产和从业人员比较富余,投入富余率分别为 5.6%和 3.9%;从方案一与方案二的比较来看,方案二的流动资产和从业人员工资及福利比较富余,投入富余率分别为 6.0%和 4.4%,而且各投入要素富余程度有所提高,这说明各要素有弹性且相互间具有替代效应;从方案一与方案三的比较来看,方案三是流动资产和成本、费用及附加比较富余,投入富余率分别为 13.7%和 12.4%,再次说明水价的有效性,通过方案一与方案四的比较也可以得到上述结论。总之,在考虑水的稀缺性(即考虑水价)的情况下,不论是从差值百分比指标还是从松弛省区市数指标看,水业企业在流动资产和从业人员投入上相对比较富余。

表 6-5 投入导向型的 BCC 模型松弛分析

我国水业企业		方案一	方案二	方案三	方案四
流动资产年平均余额（亿元）	原值	19.23	19.23	19.23	19.23
	目标值	18.16	18.08	16.59	14.72
	差值百分比(%)	5.6	6.0	13.7	23.5
	松弛省区市数	4	4	12	11
固定资产原价（亿元）	原值	72.94	72.94	72.94	72.94
	目标值	71.4	69.85	66.15	58.44
	差值百分比(%)	2.1	4.2	9.3	19.9
	松弛省区市数	1	2	3	7
成本、费用及附加（不含折旧）（亿元）	原值	13.27	13.27	13.27	13.27
	目标值	13.04	12.82	11.63	10.72
	差值百分比(%)	1.7	3.4	12.4	19.2
	松弛省区市数	0	3	12	13
全部从业人员年平均数（万人）/主营业务工资及福利(亿元)	原值	1.52	2.48	1.52	2.48
	目标值	1.46	2.37	1.35	2.12
	差值百分比(%)	3.9	4.4	11.2	14.5
	松弛省区市数	6	7	8	10

注：方案一和方案三为全部从业人员年平均数，方案二和方案四为主营业务工资及福利。

6.4.4 水业企业运作效率影响因素分析

如前文所述，企业的管理制度、所在地区的水资源稀缺程度、所在地区的城市人口密度和所在地区的市场化水平可能影响水业企业运作效率。本书将各地区水业企业运作效率作为因变量，将企业资产负债率、非国有和集体资本比率、地区市场化水平、城市人口密度和人均水资源量作为可能与水业企业运作效率有关的自变量加以探讨。各个指标的统计描述及回归结果详见表 6-6 至表 6-9。

表 6-6 中国各地区水业企业运作效率的影响因素统计描述

样本统计量	资产负债率	地区市场化水平	城市人口密度（人/平方千米）	人均水资源量（方/人）	非国有和集体资本比率
最大值	0.663	8.33	5880	170261	0.530
最小值	0.083	1.95	186	140	0.000
平均值	0.457	5.18	1543	7235	0.183
标准差	0.111	1.65	1335	30332	0.170

表 6-7 中国各地区水业企业超效率值统计描述

样本统计量	方案一	方案二	方案三	方案四
最大值	8.94	14.90	8.94	14.90
最小值	0.79	0.79	0.48	0.40
平均值	1.31	1.45	1.17	1.29
标准差	1.41	2.46	1.45	2.50

表 6-8 中国各地区水业企业运作效率和影响因素关系分析(方案一)

影响因素	模型 1	模型 2	模型 3
企业资产负债率(%)	1.080(0.0021)	1.083(0.0017)	1.020(0.0025)
地区市场化水平	0.089(0.0033)	0.089(0.0024)	0.086(0.0034)
城市人口密度(人/平方千米)	1.95×10^{-6}(0.9616)		
人均水资源量(升/人)	5.08×10^{-5}(0)	5.085×10^{-5}(0)	5.088×10^{-5}(0)
非国有和集体资本比率(%)	−0.250(0.4586)	−0.252(0.451)	
Log likelihood	−6.0135	−6.0146	−6.2958
Adjusted R^2	0.950	0.952	0.953

方案一中各地区水业企业生产效率与影响因素的 Tobin 回归分析结果如表 6-8 所示。模型 1 中的因变量为水业企业运作效率，自变量为企业资产负债率、地区市场化水平、城市人口密度、人均水资源量和非国有和集体资本比率。回归分析的结果表明，我们有理由拒绝城市人口密度、非国有和集体资本比率与水业企业生产效率无显著关系的假设，但是我们没有理由拒绝企业资产负债率、地区市场化水平、人均水资源量与水业企业运作效率无显著关系的假设。以上结论意味着城市人口密度、产权制度与2004 年中国各地区水业企业运作效率的关系并不显著，从表达式来看，城

市人口密度与水业企业运作效率之间的关系基本符合预期方向，这意味着城市人口密度高有利于水业企业进行规模经营，实现规模经济；水业企业产权制度市场化趋势与水业企业生产效率之间呈负相关的关系，这意味着水业企业产权制度市场化改革并不必然带来生产效率的提高，甚至事与愿违，所以对待水业企业产权制度市场化改革需谨慎。企业资本结构、地区市场化水平、水资源稀缺程度与水业企业运作效率的关系显著，从表达式来看，地区市场化水平、水资源稀缺程度与水业企业运作效率之间的关系基本符合预期方向，这说明水业企业所处的环境对水业企业运作效率关系密切，良好的市场化氛围有利于水业企业运作效率的发挥，但是水资源稀缺程度的提高，增加了水资源的开发成本，一定程度上削弱了水业企业的运作效率，但从另一个侧面可以看出，我国水价改革虽然已经取得一定的成绩，但必须审时度势进一步推进水价改革，尤其是水价形成机制的改革；水业企业资本结构市场化趋势与水业企业运作效率之间呈正相关的关系，这说明债权融资有利于水业企业运作效率的提高，而且运作效率的提高主要源自银行对水业企业的监管以及要求政府对水价的承诺，特别是 20 世纪 90 年代起世界银行对中国水业的介入，对推动中国水业运作效率的提高作用不小。模型 2 和模型 3 在分别剔除城市人口密度及非国有和集体资本比率的情况后，得到的相关结论基本上与模型 1 吻合，从而也反映了模型的稳定性。

为了进一步验证水业企业运作效率与影响因素之间的关系，根据表 6-8 中的模型 3，把表 6-9 中的自变量设定为企业资产负债率、地区市场化水平和人均水资源量，因变量设定为方案二、方案三和方案四计算出的超效率值，利用 Tobin 回归进行分析，回归结果详见表 6-9。从回归结果来看基本上与前文分析结果相一致，进一步说明模型的稳定性和可靠性。

表 6-9　中国各地区水业企业运作效率和影响因素关系分析(方案二、三和四)

影响因素	方案二	方案三	方案四
企业资产负债率(%)	0.558(0.0594)	1.1006(0.0127)	0.806(0.0586)
地区市场化水平	0.1066(0)	0.0502(0.1897)	0.0513(0.1656)

续表

影响因素	方案二	方案三	方案四
人均水资源量(升/人)	8.574×10^{-5}(0)	5.12×10^{-5}(0)	8.62×10^{5}(0)
Log likelihood	−2.212	−14.603	−13.529
Adjusted R^2	0.988	0.923	0.976

6.4.5 水业企业运作效率评价小结及建议

采用DEA方法对我国水业企业运作效率进行评价,结果显示:水价总体上促进水业企业的运作效率,但是各个地区在水价运用的效率上存在着差异,需进一步加快推进水价改革步伐;水业企业员工的工资及福利水平偏高现象是存在的,总体上削弱了水业企业的运作效率;水业投资超前现象是存在的,需控制规模;在考虑水的稀缺性(即考虑水价)的情况下,水业企业在流动资产和从业人员上投入相对比较富余。通过Tobit模型,我们更深入地发现:企业资产负债率、地区市场化水平和人均水资源量是影响水业企业运作效率的重要原因。

基于以上的评价结果,针对当前我国水业市场化改革中存在的问题,提出以下几点想法及建议加以探讨。

由于水业所具有的自然垄断特性及其长期由政府经营所导致的政企不分、效率低下,人们认为水业市场化改革几乎必然会导致水业运作效率改善。而西方发达国家在水业市场化改革过程中,市场效率也确实得到了提高,这似乎更印证了人们的这一印象。但从本质上分析,真正促进效率提高的是市场竞争。正如英国经济学家马丁与帕克在对英国各类企业私有化后的经营绩效进行了广泛的比较研究后发现,在竞争比较充分的市场上,企业私有化后的平均效率提高显著,而在垄断市场上,企业私有化后平均效率的提高并不明显,相反,像伦敦铁路,还出现了服务水平下降。从总体上分析,英国市场化改革过程就是一个不断强化竞争机制的过程,已有的研究表明,经济效率的提高在很大程度上取决于政府所采取的促进竞争与改进管制效率的政策措施。本书的水业企业运作效率评价结果也证明了上述观点,比如水业企业的非国有和集体资本比率(反映水业企业的民营化水平)对水业企业的运作效率没有显著影响,区域的市场化程度(反映政府的民主化程度和区域市场发育程度)对水业企业的运作效率具有显著的正影响,水业企业资产负债率(反映银行对水业企业的监管)对水业企业的运作效率具有显著的正影响。但从我国已有的水业市场化改革进程来看,能够达到改善市场竞争机制的领域并不多,如在县一级的供水行业,一般来说如果引入两个供给主体显然不符合这一行业的规模经济要求,由于市场结构未发生改变,很难指望市场主体行为与市场绩效会发生大的改变。即使能够对水经营权进行投标,竞争经营,虽然在短期内能起到降低市场价格的作用,但从长期来看,经营权一旦有了归属,事前的多家竞争格局就被事后的单方垄断的局面代替,如果缺乏有效的价格规制手段,市场价格仍然会回升。因此,我国水业市场化改革的重点首先应是政府要加强自身的信用建设,加快推进区域的市场化水平,从本质上讲,政府的信用问题是推进区域市场化水平的重要环节,然后,通过政府积极有效的管制措施,建立风险分担、激励相容和监督有效的管制机制来提高水业的运作效率,否则,将使水业市场化改革南辕北辙。

6.5 本章小结

在实践中,水经营权一般由水业企业进行直接运作,因此,从另一个角度看,水经营权的管理问题也就是政府对水业企业的管理问题。水业企业的运作效率能够代表水经营权管理的效率。通过 DEA 方法对我国水业企业运作效率的评价结果显示:水价总体上促进水业企业的运作效率,但是各个地区在水价运用的效率上存在着差异,需进一步推进水价改革步伐;水业企业员工的工资及福利水平偏高现象是存在的,总体上削弱了水业企业的运作效率;水业投资超前现象是存在的,需控制规模;在考虑水的稀缺性(即考虑水价)的情况下,水业企业在流动资产和从业人员上投入上相对比较富余。通过 Tobit 模型,我们更深入地发现:企业资产负债率、地区市场化水平和人均水资源量是影响水业企业运作效率的重要原因。最后,本书提出了我国水业市场化改革的重点首先应是政府加强自身的信用建设，加快推进区域的市场化水平，从本质上讲，政府的信用问题是推进区域市场化水平的重要环节；其次，通过政府积极有效的管制措施，建立风险分担、激励相容和监督有效的管制机制来提高水业的运作效率，否则，将使水业市场化改革南辕北辙。

第7章　应用研究:绍兴污水治理市场化模式

7.1　案例背景

7.1.1　绍兴概况

绍兴地处长江三角洲地区南翼,浙江省中北部杭甬之间,下辖绍兴县、诸暨市、上虞市、嵊州市、新昌县和越城区,面积8256平方千米,其中市区面积339平方千米。绍兴历史悠久,名人荟萃,素有水乡、桥乡、酒乡、书法之乡、名士之乡的美誉,是首批国家级历史文化名城、首批中国优秀旅游城市,是长江三角洲地区南翼重点开发开放城市。

水是绍兴之魂,印染、酿酒、制酱等传统产业均依赖于绍兴独特的丰水优势。大禹、马臻、汤绍恩等历代先贤更是为绍兴的治水史留下了千古佳话。改革开放以来,以纺织、印染等为代表的传统工业的迅速崛起,绍兴很快成为全国闻名的纺织之城;柯桥中国轻纺城已成为目前亚洲最大的轻纺专业市场,轻纺产品总销售额占全国的1/3,名列全国十大专业批发市场第二位。但是，以纺织、印染等为代表的传统工业的大发展，使绍兴的工业废水排放量急剧增加，绍兴人民赖以生存的平原河网水质遭受空前的污染。水环境恶化不仅严重影响人们的身心健康，而且还极大地制约着经济社会的健康发展。20 世纪 80 年代中期以来，绍兴人民秉承大禹治水的不懈精神，并赋予“治水”以新的理念，先后耗资 50 余亿元，全方位、多途径、全面深入地实施饮用水源开发、内河水体保护和污水集中治理等现代治水工程，集中兴修了从供水、制水、排水到污水处理在内的系统工程，确保了饮水安全，有效改善了内河水质，基本解决了工业、生活等废水的出路问题，有力地促进了绍兴经济社会的可持续发展。

7.1.2 绍兴污水治理系统概况

绍兴污水治理市场化模式的成功，得到了社会各界的充分认可，取得了政府、企业、环境、市民“四赢”的效果。一是政府减轻了负担。以 2500 万元的财政投入，启动了 5.2 亿元的投资，大大减轻了政府投资、运营的负担，而且方便了环保等职能部门的管理。二是企业减少了成本。排污企业参与集中治污比自建治污设施省了将近一半的钱，而且不必再为排污设施老化、运转不正常、缺乏专业技术人员等发愁。三是环境减少了污染。全市平原河网水质基本达到Ⅲ类水功能要求，城市河道水质均能满足Ⅳ类水功能要求。四是市民生活环境得到了改善。水环境的有效治理还给了市民一片青山绿水，污水处理厂建成后的一次调查显示，社会公众环境满意率达到 82.47%。

绍兴污水治理系统主要由污水的收集、输送和集中处理三部分组成。其中，污水的收集和输送由绍兴市排水管理有限公司和绍兴县排水有限公司来运作，污水集中处理由绍兴水处理发展有限公司来运作。下面，本书就绍兴市排水管理有限公司、绍兴县排水有限公司和绍兴水处理发展有限公司分别予以简单介绍。

1. 绍兴市排水管理有限公司概况

绍兴市排水管理有限公司是绍兴市水务集团有限公司下属的一家国有独资企业，主要承担绍兴市区及近郊的产业废水和生活污水的收集、输送以及排污工程建设、污水处理费收取等职能。

公司前身为绍兴市城市排水管理处，筹建于1984年，经过20多年的发展，目前公司已拥有资产总额4.5亿元，排污泵站63座，排污管线300余千米，日处理排放污水能力达28万吨。至2004年年底绍兴市区的污水收集率已达70.68%。

2003年，公司完成了所有泵站的自动化运行改造，实施“运行体制”和“企业内部分配、用人机制”改革，创建了国内同行领先水平的“无人值守，有人巡视”的现代排水管理体制，极大地提高了城市排水系统运行的安全性和高效性，优化了企业管理，进一步增强了职工的市场意识、竞争意识和风险意识，激发了企业的创新活力。公司“污水排放泵站广域网络优化调度管理系统”成果已通过浙江省科技厅鉴定，“现代排水管理体制的创新”成果荣获省企业管理现代化创新成果二等奖。公司先后荣获省环保先进集体、市级文明单位、市爱国卫生先进单位等荣誉称号。

公司以“服务社会、服务经济”为企业宗旨，以“团结、进取、务实、创新”的企业精神为指引，不断深化改革，内强管理，外树形象。如今，公司正朝着“管理科学化、工作标准化、运行自动化、环境园林化、职工技能化”的发展目标迈进，为绍兴社会和经济的可持续发展发挥日益重要的作用。

2.绍兴县排水有限公司概况

绍兴县排水有限公司是绍兴县水务集团下属的全资国有企业，主要承担绍兴县产业废水和生活污水的收集、输送以及截污管网系统工程建设、运行管理和污水运行处理费的收缴等职能。

为整合资源，统一绍兴县供排水格局，根据绍兴县委、县政府的统一部署，2004年4月在原绍兴县给排水工程管理处、绍兴县城市排水工程管理处、绍兴县环境保护发展有限公司、绍兴县排水发展有限公司和绍兴市绿洲实业总公司稽山、偏门泵站的基础上筹备组建绍兴县排水有限公司，于2004年6月30日正式挂牌成立。拥有资产6.9亿多元，注册资金1亿元。现为中国市政工程协会城市排水专业委员会唯一的县级会员单位。

绍兴县截污工程始建于1995年，日截污15万吨，投资1.87亿元的一期工程于1996年年底建成投运，1998年至2003年，先后开展了二次主干管工程建设和多次配套工程建设，使截污能力由每日15万吨上升到每日55万吨的水平。通过8年的大规模的管网建设，累计投资近6亿元，基本上形成了完善的治污网络系统，全县90%以上工业废水和县域中心柯桥的生活污水得到了有效排放。

公司主管网日排污能力已达55万吨；直属管理的泵站有35座，其中日排污量达到10万立方米以上的大型泵站13座；公司拥有截污管网210千米，纳污企业达242家，总纳污面积达500多平方千米。纳污区域遍布全县主要工业发达镇、街道，包括齐贤、马鞍、钱清、杨汛桥、福全、安昌、漓渚、兰亭等镇和华舍、湖塘、柯岩、柯桥等街道以及柯西、柯东、滨海开发区和柯桥城区。

绍兴县排水有限公司作为大型的现代化国有企业，探索出了公用事业市场化运作的先进经验，遵循"还民碧水"的原则，始终坚持"以人为本"的企业理念，以"让群众满意，使政府放心"为企业宗旨，以"机制创新、管理求精、行业争先"为企业目标，不断开拓创新，强化管理，取得了明显的社会效益和环境效益，为提高城市品位，保护生态环境，构建和谐社会，推进绍兴城市化建设进程，促进绍兴县经济、社会的可持续协调发展发挥着日益重要的作用。

3. 绍兴水处理发展有限公司概况

绍兴水处理发展有限公司组建于2001年，是一家按照现代企业制度要求组建的股份企业，其经营实行董事会领导下的总经理负责制，两大股东分别为绍兴市水务集团和绍兴县水务集团，双方出资比例为4∶6，是目前世界上最具规模的区域性综合污水集中治理企业。公司现有总资产11亿元，职工200余人，规划规模为日处理污水100万吨，主要承担着绍兴市区和绍兴县300多平方千米区域、100多万人口及各类相关企事业单位的生产、生活废水处理任务。其中，投资5.2亿元，日处理30万吨污水的一期工程已于2001年6月建成投运；投资6.5亿元，日处理30万吨污水的二期工程于2003年年底建成投运；公司投资约5000万元，于2004年年底开始实施，并于2006年春节全面完成污水处理一、二期挖潜改造，初步估计提高工程污水处理能力的三分之一；按照绍兴市人民政府和绍兴县人民政府要求，投资约10亿元，以污水处理、处理水总排放管线为主要内容的三期工程目前正在如火如荼的建设中。

按照污水治理产业化和市场化发展的总要求，公司以“科学治污、服务社会、保护环境、促进发展”为宗旨，立足绍兴，面向行业，在建立和完善市场化运作机制的基础上，积极与国内外行业龙头企业广泛合作，不断拓展经营空间，努力把公司建设成为一家在全国排水行业中起领头羊作用的“以污水处理为主业，以循环经济和相关经济为配套，以寻求技术与管理输出为外延扩张”的综合性污水处理企业。

7.2 区域污水治理的特性分析

水体的环境容量是一种公共池塘资源，其显著特征是资源系统的整体性和资源单位的可分性。因此，排斥因使用资源系统而获取收益的潜在受益者成本是很高的。污水治理则是通过人工手段生产水体环境容量资源的过程，具体模式主要包括：分散治理和集中治理。分散治理就是指各个工厂自身配备污水处理设备，污水处理在工厂里完成，达标后排入指定的自然水体。集中治理是与分散治理相对应的另一种治理模式，本质是污水处理厂专业生产环境容量资源。从本质上讲，污水治理具有团队生产和协作生产的特点，为了更好地理解污水治理，我们有必要对团队生产和协作生产理论进行简要的回顾。

1. 团队生产

团队生产的概念是理解集中治理动力的关键。组织能使个体收获团队生产的利益。团队生产不是汇集个人努力和资源的简单过程，而是通过它个人的努力和资源以互利方式组织，产生了更高水准的生产力。这就是为什么在团队生产过程中，个人的边际生产力是其他人努力的函数。与此同时，团队生产也带来了生产率和报酬的计量问题，如果经济组织的计量能力很差，报酬和生产率之间关系松散，生产率将较低（科斯等，1994）。但是，在团队生产中参与合作的队员的边际产品并不是可以如此直接地和分别地观察得到的。在这种情况下，有监督的生产尤为必要。如果监督队员的费用为零，队员就没有偷懒的激励；现实生活中，监督成本不可能为零，这就存在边际监督成本和边际监督产出的权衡问题。权衡的结果形成了团队生产的次优局面。

2. 协作生产

协作生产是团队生产的一种形式。在协作生产过程中，常规生产者（污水处理厂）和消费生产者（排污企业）的努力在很大程度上相互依赖，而不是完全相互替代的（麦金尼斯，2000）。既然常规生产者和消费生产者的努力是互补的，所以为了完成特定的目标，就存在双方最优投入问题。也就是说，合理界定常规生产者和消费生产者的责任和义务，有着十分重要的意义。

通过上述对团队生产和协作生产简要的回顾，我们对区域污水治理的特性有了进一步的了解。本书认为一个运作成功的污水治理市场化模式应该能够解决两个问题：排污权的排他性问题、经营权的激励和监督问题。接下来的部分，本书将考察浙江省绍兴污水治理系统如何通过基于市场机制的排污权管理和基于市场机制的经营权管理解决上述两个问题，从而走出了一条污水治理市场化模式，以及政府在污水治理市场化模式中所起的作用。

7.3 地方政府在污水治理中的作用

中国污水治理市场化改革刚刚起步，地方政府的作用不容忽视。在绍兴污水治理市场化模式实践中，绍兴市、县政府主要起了优化政府自身内部结构，认知的领导者、建设组织者和资金的支持者以及第三方仲裁者和行政执法者的作用。

7.3.1 优化政府自身内部结构

政府必须拥有一套职能部门来按照它的意图执行法律和维持秩序、征集税收、惩处罪犯和提供其他服务。政府机关中的每一个职能部门本身都是理性的个体。政府最大效用以及建立有效制度安排的能力，取决于有多少个职能部门把政府的目标视作为他们自己的目标。在通常情况下，区域环境保护的执法职能在环保局手里，而污水治理工程由建设城管部门主管，存在管理和执法"两张皮"现象，不利于政府内部职能部门的自我激励。绍兴市人民政府则是通过统筹各职能部门，明确各职能部门的具体职能来优化政府自身内部结构，比如市建设行政主管部门负责城市排水许可管理工作，对城市排水实施行业管理；市规划行政主管部门会同有关部门根据城市建设和社会发展需要，遵循统一规划、配套建设、集中处理相结合的原则编制城市排水规划，并将其纳入城市总体规划；市环境保护行政主管部门依法对水污染防治进行监督和管理；市水利、卫生、价格、质监等有关行政主管部门按照各自职责做好城市排水的监督和管理工作。绍兴县人民政府则进一步确定作为专业运营环境容量资源这一特殊商品的特殊企业给排水管理处(绍兴县排水有限公司前身)由环保局主管，解决了排水管理和执法"两张皮"问题，从而解决了环保局的自我激励问题。通过环保局强化环境执法监督，保证了污水治理工程的建设和运行。

7.3.2 认知的领导者

地方政府在设定污水治理应该是什么和它应该怎么进行的调子方面，起着重要的作用。比如为了搞好绍兴县水污染治理，县委、县政府领导多次组织全县各级领导班子一起学习，要求有关领导转变观念，正确处理好人口、环境和资源的关系，彻底转变在发展经济中急于求成、急功近利的偏向。县委、县政府还把治理水污染，保护水资源，实现"还民碧水"作为全县上下各级领导干部不可动摇的行动目标(王定虎等，1998)。

在污水治理的模式上，县委、县政府也积极探索，并成功实现由分散治理向集中治理的转型。在污水分散治理模式下，由于排污者众多，对其实行有效的监督是一件十分困难的事情。但是，偷排行为带来的超额利润，使得排污者有了偷排和寻租的激励。同时，监督者又符合受租人的特征，因此寻租行为很难避免不发生。退一步讲，监督者是完美的，但在现有技术条件下，监督者面对众多的排污者往往也显得力不从心。这种偷排污水行为又没有受到应有的处罚的状况，在区域内产生了“模仿效应”，造成偷排污水现象泛滥，环境污染程度难以得到有效的控制。集中治理是与分散治理相对应的另一种治理模式。在污水集中治理模式中，区域内众多排污者把符合进网标准的原质污水或初级处理后符合进网标准的污水汇集到污水处理厂；而污水处理厂再经过生物的、物理的、化学的等一系列处理，达到国家规定的污水排放标准之后排放。在集中治理状态下，排污者的所有污水必须全部接入污水管网，而不准另设排污口，降低了偷排的可能性，使得监督变得容易可行。

7.3.3 建设组织者和资金的支持者

在案例中，地方政府是污水治理工程的建设组织者和资金支持者。比如 1995 年开始的绍兴县污水集中治理工程，该工程是绍兴市“碧水工程”的重要组成部分，地方政府主要起的是建设组织者的作用，1.87 亿元的工程总投资政府一分钱没出，主要来源是排污权的出让费 1.63 亿元和银行借款 0.24 亿元；2000 年，绍兴市、县合建总投资 5.2 亿元、日处理能力 30 万吨的绍兴污水处理厂，市、县两级政府仅出资 2500 万元，大多通过国债和银行借款解决，地方政府主要起的是建设组织者和少量资金支持者的作用。在污水收集系统建设方面，政府作为资金支持者的角色相对突出一点，在 1985—2003 年近 20 年间，绍兴县和绍兴市共计投资 10 亿元。

7.3.4 第三方仲裁者和行政执法者

政府作为第三方仲裁者和行政执法者的作用在根本上确立了排污企业和常规生产主体之间、排污企业之间和政府与排污企业之间的互动关系。具体办法：一是通过各排污企业申报排污容量，由市、县人民政府核定“排污指标”和“环境容量指标”；二是通过核发“排污许可证”来界定排污权和环境容量资源使用权；三是整顿企业内部的排污系统，企业必须将所有排污口接入集中治理工程的管网，不准另设排污口；四是在企业污水接入口安装流量计,使"排污许可证"中"量"的许可得到有效落实;五是确立排污权流转制度。

7.4 基于市场机制的经营权和排污权管理

基于市场机制的经营权和排污权管理是区域治污过程的体制和机制创新,地方政府是推动该创新的主导力量。在绍兴污水治理市场化模式实践中,绍兴人主要是抓住了确立市场化的运作主体、采用市场机制主导的资金筹措方式和排污权分配方式、科学的工程措施、合理的收费计价制度和有效的监督机制等几个环节来进行的。

7.4.1 确立市场化的运作主体

走市场化之路治污首先要明确运作主体,使治污过程能够按照市场经济和现代企业制度的要求进行,使治污的运作主体成为有经营自主权的企业。绍兴市、县合作治污主要通过绍兴市水务集团和绍兴县水务集团按照市场化的要求具体进行运作。绍兴水处理发展有限公司作为污水处理的运作主体是由绍兴市水务集团和绍兴县水务集团,双方比例为4∶6出资组建的,是目前世界上最具规模的区域性综合污水集中治理企业。污水收集、输送以及截污管网运作分别由绍兴市水务集团全资子公司绍兴市排水管理有限公司和绍兴县水务集团全资子公司绍兴县排水有限公司完成。从而,一个完整的污水治理系统通过资本这个纽带形成了,为污水治理市场化模式的高效运作奠定了框架。

7.4.2 市场机制主导的资金筹措方式和排污权分配方式

根据国家、浙江省提出的"谁污染、谁治理"原则,绍兴污水输、送干管和处理厂等工程的建设资金主要通过市场化方式筹措,比如在绍兴污水处理厂工程建设中,市、县政府直接投入仅为2500万元,占总投资的5%。绍兴污水治理的主要筹资渠道包括:一是自来水价格每吨加收0.50元污水处理费，实行分步到位；二是以企业入股形式筹集，入股企业享有污水进网权（进网排污权和环境容量资源使用权）、分红权、股权转让权、监督权，企业在交纳入股款项时，获得出资证明，其股权可依法转让；三是财政预算内、外专项安排；四是向国家、省有关部门申请补助。企业入股形式筹集标准：在已申报接入一期排污管网的单位中筹集，1992 年接入的单位每吨 200 元，1993 年至 1995 年接入的单位每吨 450 元，1996 年初至 1998 年年底接入的企业每吨收取 550 元；从接入二期排污管网的单位中筹集，每吨为 1000 元，其中工业企业原则上按每吨 800 元筹集。

7.4.3 科学的工程措施

20 世纪 80 年代以来，绍兴因地制宜加大治污基础工程设施建设，主要经历了三个阶段：一是污水点源治理阶段，针对排污企业数量多、面广的特点，由环保部门牵头，对排污企业实行点源治理和分片治理相结合的方法，初步形成了小区域治理结构。二是污水收集系统大规模建设阶段，自 1985 年至 2003 年间，累计建成干管 100 多千米，支线管网 300 多千米，截污能力接近 100 万吨/日。三是绍兴市、县联合治污阶段，2000 年绍兴市作出重大决策，市、县合建总投资 5.2 亿元、日处理能力 30 万吨的绍兴污水处理厂，拉开了区域联合治污的序幕。通过上述截污管网、污水处理厂等建设，区域性污水集中处理的硬件条件已经具备，其优点是显而易见的。

1. 获取团队生产的增量收益

首先，污水集中处理能有效减缓污染负荷冲击，同时避免了市、县二级政府在污水处理项目上的重复投资，实现社会资源优化配置。第二，特别是以印染废水为主的工业废水与城市生活污水的混合，充分改善了生化处理条件，实现了污水处理规模化和集约化，最大限度地减轻了排污企业和社会的治污负担。比如绍兴东风酒厂高浓度废水自行处理，其投资成本为 2800 元/吨，运行费用 20 元/吨，日处理废水量 100 吨，日运行费用 2000 元；其废水接入集中污水处理厂后，该厂自身日治污费用下降到 115 元。

2. 提高排污权的排他性

截污工程的完善，提高了管网覆盖面积，为企业全面排污入管创造了条件。这样治理者可以在进管处安装流量计等简单设备来计量排污者的排污量。既达到“产权界定”清晰，又做到“监控”成本低廉的双重要求，因而可以防止企业因“滥用”环境容量资源而造成的环境污染。环境容量资源产权的有效界定，排他性有效得到提高，这就为环境容量资源进行市场交易创造了条件。

7.4.4 合理的污水计价收费制度

绍兴污水处理费价格的制订按照“谁污染、谁付费”、“补偿成本、保本微利”的原则，实行污水分类计价和按浓度计价收费。第一，按废水类别确定基价：一类为居民生活污水 0.5 元/吨，二类为食品酿造等工商企业污水 1.6 元/吨，三类为印染、皮革、化工、制药、电镀工业企业污水 2.2 元/吨，四类为其他单位污水 1.0 元/吨。第二，工业废水按污染浓度高低实行上下浮动计价，即以 COD 值 1000mg/L 为基准，每 100mg/L 为一挡，在 COD 值低于 1000mg/L 时，每低一挡，收费标准相应降低 0.06 元/吨；COD 值高于 1000mg/L，低于 1300mg/L 时，每高一挡，收费标准相应提高 0.06 元/吨；COD 值高于 1300mg/L 时，每高一挡，收费标准相应提高 0.15 元/吨（以上是绍兴市、县 2005 年污水处理费计价收费标准）。第三，污水收集企业向排污企业实行按浓度收费后，应每年对收费收入进行一次核算，其按浓度收费的超收部分要与污水处理厂实行合理分配。通过上述按类和按浓度计价相结合的方法及污水治理系统内部利益分配协调机制，改善了污水收集、输送和处理企业激励条件。但是，绍兴没有规定硬性的污水入网标准，主要用经济手段对高浓度的污水进行加价收费，尤其是对 COD 值高于 1300mg/L 时，每高 100mg/L，收费标准相应提高 0.15 元/吨。由于缺乏相关的硬性指标，集中污水治理也存在一定弊端，从而影响了协作生产的有效性。比如对高浓度的印染废水和重金属含量高的电镀废水。

7.4.5 有效的监督机制

治理环境污染走市场化之路，改变了政府统包统揽的传统模式，但这并不是说政府对治理环境污染从此可以甩手不管，相反，政府必须进一步强化监管，才能确保市场化治污健康长远地发展。一方面政府要督促治污企业按照现代企业制度的要求，建立高效的内部管理运作机制。加强对治污企业的监管，使之在追求一定经济效益的同时，时刻不忘记社会效益，确保污水、垃圾焚烧产生的污染物等全部达标排放。另一方面还要加强对排污企业的监督，加大对超标排污、偷排偷放行为的处罚力度，维护治污企业的合理利益，促进环境保护。此外，政府还要为推进市场化治理环境污染制定出台相应的配套政策，从而确保治污设施和企业能够按照市场经济规律自我运行、自我发展下去。比如绍兴市政府出台《绍兴市城市排水管理办法》等政策，明确了相关各方的责权利。

7.5 绍兴污水治理市场化模式的启示

从制度变迁角度看，绍兴污水治理市场化模式是由地方政府主导发起的、微观主体参与的合作博弈型制度创新。绍兴通过确立市场化的运作主体、采用市场机制主导的资金筹措方式和排污权分配方式、科学的工程措施、合理的收费计价制度和有效的监督机制等几个环节比较有效地保证了排污权的排他性问题、经营权的激励和监督问题，从而走出了一条成功的市场化污水治理模式。总结实践经验，可以得到如下几点启示。

1. 转变观念是前提

保持经济、社会、环境的协调发展是实现现代化的必由之路，环境保护不是可有可无、可多可少的，我们必须把污水治理系统建设纳入现代化的整体发展体系中去。从市场经济角度看，污水治理系统建设并不是一种单纯的公益性事业，它是一种采用工程手段生产增量水环境容量的系统，是一种资源、一种财富，也是一个可以越做越大的朝阳产业。因此，污水治理系统建设有投入，也有产出、有回报，是完全可以基于市场方式经营，而且能够经营好的。

2. 市场机制是基础

走市场化之路治污就是要把市场经济规律、市场机制真正贯穿到污水治理系统的建设、管理中去，真正按照市场经济规律办事，在注重社会效益的同时，争取一定的经济效益。以市场机制为基础，就是要把污水治理系统当成企业来办，把效益与经营者利益相结合，努力降低环保设施建设的运行成本，加快技术进步和技术改造，提高治污设施的运行率。当然，走市场化之路治污的重要前提是确保排污权排他性，这就是走市场化之路治污所要坚持的最大市场经济规律之一，也是市场化模式的必要条件。

3. 地方政府作用是主导

污水治理系统建设必须带有一定的公益性，起步阶段回报不高，离开政府的主导作用，单纯的企业难以承受。同时，环境保护是一项具有广泛和长久意义的大事，必须由政府这样的权威机构来加以倡导，并从整个社会的公益性目的出发，建立公平公正的政策体系，进行强制性推动和环境监管。

4. 合理收费是关键

合理收费是污水治理系统建设多元化、社会化投资体制建立的关键。如果没有合理的收费政策，治污企业就失去了自我运行、自我管理、自我发展的基础，最终必然走上依靠政府拨款的老路，不仅使自己退化为政府部门的“附属物”，而且也将重新给财政背上沉重的包袱。

5. 依法监管是保障

由于市场经济的逐利性，政府必须加强对治污企业和排污企业的监管，以确保发挥环保设施的社会效益，维护公平竞争的市场环境。

第8章　结论与展望

随着工业化和城市化进程的加快,水资源越来越成为稀缺资源,水资源的供求矛盾日益加剧,水资源短缺越来越成为制约经济社会发展的重要因素。在中国传统治水体制下,解决水短缺问题主要依靠技术创新,结果往往是资金投入大、工程运作效率低、水资源短缺严重、用水浪费严重的恶性循环。针对以上问题,笔者认为:水资源短缺表面上是水资源不适应经济社会可持续发展的需要,实质是水管理制度长期滞后于经济社会发展需求的累积结果,是水管理制度的危机;有效应对水短缺问题的根本出路在于水管理制度的创新,由此引出两个问题的讨论:一是在宏观层面上,中国水管理制度变迁如何实现,动因是什么?二是在什么条件下基于市场机制的水管理模式是有效率的,也就是说,在什么条件下基于市场机制配置水使用权和水经营权是有效率的?本书重点对上述两个问题进行了初步的尝试性探讨,得出了一些研究成果,主要可以归纳为五个方面。

8.1　主要结论

(1)利用演化博弈的方法构建了水管理制度变迁模型来

研究中国水管理制度变迁的实现方式，并且运用该模型对当代中国水管理手段创新及实现方式进行探讨。研究结果认为，中国水管理制度市场扩张型改革是在中央提供主体、中间提供主体和微观主体之间的三方博弈中向市场经济制度渐进过渡，三个主体在供给主导型、中间扩散型和需求诱致型的制度变迁阶段分别扮演着不同的角色，从而使水管理制度变迁呈现阶梯式渐进特征。由于中间提供主体是连接中央提供主体制度供给意愿和微观主体制度需求的重要中介，也正由于中间提供主体的参与给水管理制度变迁带来了重大影响。根据中国目前水管理手段正处于转型期的特点，提出了地方政府应发挥“政治协商”、“市场交易”和“内部管理”三大作用。

(2)在产权模型的框架下，结合楠溪江渔业资源整体承包和东阳—义乌水使用权交易的例子，对基于市场机制的水使用权初始分配和再分配进行了研究。根据水资源具有多重属性的特点，通过对科斯定理、巴泽尔的产权理论及基于市场机制的水使用权初始分配和再分配研究的结论，推论出基于市场机制的水使用权管理的适用领域及适用条件。研究结果认为，基于市场机制的水使用权管理适用领域主要是：从水的用途上看，主要是经济用水；从水的来源上看，主要是依靠工程取得的增量水量或节约下来的经济用水。实行基于市场机制的水使用权管理需要确立水使用权交易主体、合理分配初始水使用权、获取保护水使用权的交易成本要低、要有发育良好的市场、转让水使用权的交易成本要低和要尽可能减小或克服不良的外部效应这六个前提条件。

(3)从价格管理着手来研究我国水经营权管理的市场化情况，发现基于市场机制的水经营权管理存在着道德风险问题，并建立了基于市场机制的水经营权管理的委托—代理模型，对道德风险问题进行了系统的研究。在此基础上，对城市水业特许经营的困境问题进行了研究，困境产生的原因可以概括为这样一个逻辑链：政府承诺缺失 $\Rightarrow$ 水业企业的绝对风险规避度量 ρ 将会趋向于 $\infty \Rightarrow$ 利用信息优势，水业企业选择一个固定回报率 $\Rightarrow$ 政府为了引资，接受水业企业固定回报率的策略选择 $\Rightarrow$ 地方政府对需求主体未来的需求状况等不确定性不明的情况下($\sigma^2 \rightarrow \infty$)，固定回报率给其带来了巨大的风险，突发事件的出现，合同难以为继。最后，提出了加强政府的信用建设,降低水业企业的风险规避程度和推进风险分担、激励相容和监督有效的管制机制建设两个对策建议。

(4)采用DEA方法对我国水业企业运作效率进行了评价,结果显示:水价总体上促进水业企业的运作效率,但是各个地区在水价运用的效率上存在着差异,需进一步推进水价改革步伐;水业企业员工的工资及福利水平偏高现象是存在的,总体上削弱了水业企业的运作效率;水业投资超前现象是存在的,需控制规模;在考虑水的稀缺性(即考虑水价)的情况下,水业企业在流动资产和从业人员上投入相对比较富余。通过Tobit模型,我们更深入地发现:企业资产负债率、地区市场化水平和人均水资源量是影响水业企业运作效率的重要原因。最后,本书提出了我国水业市场化改革的重点首先应是政府要加强自身的信用建设,加快推进区域的市场化水平,从本质上讲,政府的信用问题是推进区域市场化水平的重要环节,然后,通过政府积极有效的管制措施,建立风险分担、激励相容和监督有效的管制机制来提高水业的运作效率,否则,将使水业市场化改革南辕北辙。

(5)从制度变迁角度看,绍兴污水治理市场化模式是由地方政府主导发起的、微观主体参与的合作博弈型制度创新。绍兴通过确立市场化的运作主体、采用市场机制主导的资金筹措方式和排污权分配方式、科学的工程措施、合理的收费计价制度和有效的监督机制等几个环节比较有效地保证了排污权的排他性问题、经营权的激励和监督问题,从而走出了一条成功的市场化污水治理模式。

8.2 主要特点与创新

水资源管理属于多学科综合性问题,涉及水资源经济学、水文学、水资源学、制度经济学、城市规划学等诸多学科。本书在前人研究的基础上,选择以下两个问题进行重点研究:一是在宏观层面上,中国水管理制度变迁如何实现,动因是什么?二是在什么条件下基于市场机制的水管理模式是有效率的,也就是说,在什么条件下基于市场机制配置水使用权和水经营权是有效率的？本书的创新主要体现在以下四个方面：

(1)基于水权的可分性和层次性特点，提出了基于水权的水管理制度的分析模型。本书基于水权的可分性特点把水权主要分为所有权、经营权和使用权，水资源体系的层次特点决定水权的层次特点，进而提出了“基于水权的水管理制度分析模型”，为分析复杂的水管理问题提供了有力的理论武器。

(2)利用演化博弈的方法构建了水管理制度变迁模型来研究中国水管理制度变迁的实现方式。水管理制度变迁模型从理论上论证，在水管理制度市场化进程中，中央提供主体、中间提供主体和微观主体三个主体在供给主导型、中间扩散型和需求诱致型的制度变迁阶段分别扮演着不同的角色。该模型可以在宏观层面上为当代中国水管理改革提供理论上的指导。

(3)利用基于市场机制的水经营权管理的委托—代理模型对基于市场机制的水经营权管理中的道德风险问题进行了系统的研究。该研究可以在微观层面为当代中国水管理市场化改革提供理论上的指导和实践上的借鉴。

(4)采用DEA方法对我国水业企业运作效率进行定量评价。该研究可以寻找影响水经营权管理效率的影响因素，进一步加深对理论和定性研究的认识，从而进一步为实践中的水经营权管理市场化改革提供理论依据和实践借鉴。

8.3 有待进一步研究的问题与展望

水管理是一个非常复杂的问题，本书只是在有限的时间内做了一些肤浅的研究。尽管是肤浅的研究，笔者也深感笔力不济，江郎才尽。俗话说得好：“学术研究是接力跑。”为此，笔者在行文将止之际，提出以下四个方面需要进一步加以关注的问题，供大家参考：

(1)基于市场机制的水经营权管理中委托方—代理方契约优化问题

城市水业特许经营中委托方—代理方契约安排对城市水业特许经营

的运作效率至关重要。当代城市水业特许经营失败的直接原因是契约中风险分配不均。如何设计激励相容、风险共担和监督有效的契约是未来在水业等公益行业中推广政企分开的特许经营模式的关键。

(2)地方政府作为水使用权交易主体情况下的区域内用水户利益保护问题

水资源的特殊性和中国当前的市场化水平，在未来的水使用权交易中，地方政府作为水使用权交易主体将会在一段较长的时间内存在，第三方尤其是弱势群体的既得利益可能会受到损害。如何对受损第三方和生态进行补偿，对水使用权交易的成功进行至关重要。

(3)市场化模式运作后，存量供水基础设施如何评估进账

在传统计划经济体制下，供水基础设施往往是由国家或地方政府投资、当地老百姓出工出力共同建设的。国家或地方政府和当地老百姓自然而然成了供水基础设施的共有产权人。但是这个共有产权人是不明晰的，市场化模式运作后，供水基础设施的产权人从形式上得到了明晰，但是存量供水基础设施如何评估进账，这直接影响未来的水价和当地老百姓的利益。

(4)演化博弈的进化稳定策略的数理研究

本书根据复制动态方程得到了演化博弈的进化稳定策略，并且运用数值模拟的方法对进化稳定策略进行了进一步的研究，但是，数值模拟只能模拟有限的几种状态，缺乏一般性的意义。因此，对演化博弈的进化稳定策略进行一般性数理证明尤为必要。

附　录

表 A1　DEA 模型下我国水业企业效率评价结果(一)

序号	评价单元	方案一				
		技术效率	纯技术效率	规模效率	规模报酬	超效率
1	北　京	1.00	1.00	1.00	—	1.16
2	天　津	1.00	1.00	1.00	—	1.47
3	河　北	0.91	0.93	0.98	drs	0.91
4	山　西	1.00	1.00	1.00	—	1.05
5	内蒙古	0.95	0.95	1.00	irs	0.95
6	辽　宁	0.84	0.88	0.95	drs	0.84
7	吉　林	1.00	1.00	1.00	—	1.08
8	黑龙江	1.00	1.00	1.00	—	1.12
9	上　海	1.00	1.00	1.00	—	1.02
10	江　苏	0.91	1.00	0.91	drs	0.91
11	浙　江	0.83	0.93	0.90	drs	0.83
12	安　徽	1.00	1.00	1.00	—	1.25
13	福　建	1.00	1.00	1.00	—	1.05
14	江　西	1.00	1.00	1.00	—	1.05
15	山　东	0.97	1.00	0.97	drs	0.97
16	河　南	0.97	1.00	0.97	drs	0.97

续表

序号	评价单元	方案一				
		技术效率	纯技术效率	规模效率	规模报酬	超效率
17	湖　北	0.98	1.00	0.98	drs	0.98
18	湖　南	0.99	1.00	0.99	drs	0.99
19	广　东	1.00	1.00	1.00	—	1.08
20	广　西	1.00	1.00	1.00	—	1.02
21	海　南	1.00	1.00	1.00	—	1.18
22	重　庆	1.00	1.00	1.00	—	1.08
23	四　川	0.97	1.00	0.97	drs	0.97
24	贵　州	0.98	0.99	1.00	irs	0.98
25	云　南	0.81	0.82	0.98	drs	0.81
26	西　藏	1.00	1.00	1.00	—	8.94
27	陕　西	1.00	1.00	1.00	—	1.00
28	甘　肃	1.00	1.00	1.00	—	1.03
29	青　海	0.79	0.88	0.90	irs	0.79
30	宁　夏	1.00	1.00	1.00	—	1.12
31	新　疆	1.00	1.00	1.00	—	1.92
平均值		0.96	0.98	0.98		1.31
标准方差		0.06	0.04	0.03		1.41
离差		0.06	0.04	0.03		1.08

表 A2　DEA 模型下我国水业企业效率评价结果(二)

序号	评价单元	方案二				
		技术效率	纯技术效率	规模效率	规模报酬	超效率
1	北　京	0.99	1.00	0.99	drs	0.99
2	天　津	1.00	1.00	1.00	—	1.12
3	河　北	0.91	0.93	0.98	drs	0.91
4	山　西	1.00	1.00	1.00	—	1.05
5	内蒙古	0.95	0.95	1.00	irs	0.95
6	辽　宁	0.84	0.89	0.94	drs	0.84
7	吉　林	1.00	1.00	1.00	—	1.19
8	黑龙江	1.00	1.00	1.00	—	1.11
9	上　海	0.80	0.95	0.84	drs	0.80
10	江　苏	0.86	1.00	0.86	drs	0.86
11	浙　江	0.83	0.92	0.90	drs	0.83
12	安　徽	1.00	1.00	1.00	—	1.25
13	福　建	1.00	1.00	1.00	—	1.05
14	江　西	1.00	1.00	1.00	—	1.05
15	山　东	0.95	1.00	0.95	drs	0.95
16	河　南	0.97	1.00	0.97	drs	0.97
17	湖　北	1.00	1.00	1.00	—	1.04
18	湖　南	0.99	1.00	0.99	drs	0.99
19	广　东	1.00	1.00	1.00	—	1.07
20	广　西	1.00	1.00	1.00	—	1.01
21	海　南	1.00	1.00	1.00	—	1.18
22	重　庆	1.00	1.00	1.00	—	1.04
23	四　川	0.94	0.98	0.96	drs	0.94
24	贵　州	0.98	0.99	1.00	irs	0.98
25	云　南	0.81	0.82	0.98	drs	0.81
26	西　藏	1.00	1.00	1.00	—	14.90
27	陕　西	1.00	1.00	1.00	—	1.00
28	甘　肃	1.00	1.00	1.00	—	1.03
29	青　海	0.79	0.88	0.90	irs	0.79
30	宁　夏	1.00	1.00	1.00	—	1.12
31	新　疆	1.00	1.00	1.00	—	1.17
平均值		0.96	0.98	0.98		1.45
标准方差		0.07	0.04	0.04		2.46
离差		0.07	0.04	0.04		1.69

表 A3　DEA 模型下我国水业企业效率评价结果(三)

序号	评价单元	方案三				
		技术效率	纯技术效率	规模效率	规模报酬	超效率
1	北　京	1.00	1.00	1.00	—	1.02
2	天　津	0.82	0.82	1.00	—	0.82
3	河　北	0.81	0.87	0.93	drs	0.81
4	山　西	0.92	0.94	0.98	irs	0.92
5	内蒙古	0.89	0.92	0.97	irs	0.89
6	辽　宁	0.65	0.80	0.82	drs	0.65
7	吉　林	1.00	1.00	1.00	—	1.05
8	黑龙江	1.00	1.00	1.00	—	1.12
9	上　海	1.00	1.00	1.00	—	1.19
10	江　苏	0.70	1.00	0.70	drs	0.70
11	浙　江	0.52	0.66	0.78	drs	0.52
12	安　徽	1.00	1.00	1.00	—	1.69
13	福　建	0.48	0.50	0.96	drs	0.48
14	江　西	0.99	0.99	1.00	irs	0.98
15	山　东	0.86	1.00	0.86	drs	0.86
16	河　南	0.96	1.00	0.96	drs	0.96
17	湖　北	0.99	1.00	0.99	drs	0.98
18	湖　南	0.82	1.00	0.82	drs	0.82
19	广　东	0.64	1.00	0.64	drs	0.64
20	广　西	0.97	0.99	0.98	drs	0.97
21	海　南	0.68	0.70	0.97	drs	0.68
22	重　庆	0.79	0.79	1.00	irs	0.79
23	四　川	0.74	1.00	0.74	drs	0.74
24	贵　州	0.92	0.96	0.96	irs	0.92
25	云　南	0.48	0.49	0.98	irs	0.48
26	西　藏	1.00	1.00	1.00	—	8.94
27	陕　西	0.88	0.89	0.98	irs	0.88
28	甘　肃	0.99	1.00	0.99	drs	0.99
29	青　海	0.75	0.88	0.85	irs	0.75
30	宁　夏	1.00	1.00	1.00	—	1.17
31	新　疆	1.00	1.00	1.00	—	1.92
平均值		0.85	0.91	0.93		1.17
标准方差		0.16	0.14	0.10		1.45
离差		0.19	0.16	0.11		1.24

表 A4　DEA 模型下我国水业企业效率评价结果(四)

序号	评价单元	方案四				
		技术效率	纯技术效率	规模效率	规模报酬	超效率
1	北　京	0.80	0.90	0.88	drs	0.79
2	天　津	0.53	0.55	0.95	drs	0.53
3	河　北	0.81	0.84	0.95	drs	0.80
4	山　西	0.92	0.94	0.98	irs	0.92
5	内蒙古	0.89	0.92	0.97	irs	0.89
6	辽　宁	0.65	0.80	0.82	drs	0.65
7	吉　林	1.00	1.00	1.00	—	1.08
8	黑龙江	1.00	1.00	1.00	—	1.11
9	上　海	0.68	1.00	0.68	drs	0.68
10	江　苏	0.64	1.00	0.64	drs	0.64
11	浙　江	0.40	0.44	0.91	drs	0.40
12	安　徽	1.00	1.00	1.00	—	1.69
13	福　建	0.40	0.40	1.00	irs	0.40
14	江　西	0.99	0.99	1.00	irs	0.98
15	山　东	0.80	1.00	0.80	drs	0.80
16	河　南	0.96	1.00	0.96	drs	0.96
17	湖　北	1.00	1.00	1.00	drs	1.00
18	湖　南	0.82	1.00	0.82	drs	0.82
19	广　东	0.46	1.00	0.46	drs	0.46
20	广　西	0.97	0.99	0.98	drs	0.97
21	海　南	0.68	0.70	0.97	drs	0.68
22	重　庆	0.74	0.75	0.99	irs	0.74
23	四　川	0.75	0.83	0.90	drs	0.75
24	贵　州	0.92	0.96	0.96	irs	0.92
25	云　南	0.49	0.50	0.99	irs	0.49
26	西　藏	1.00	1.00	1.00	—	14.90
27	陕　西	0.89	0.90	0.99	irs	0.89
28	甘　肃	1.00	1.00	1.00	drs	1.00
29	青　海	0.75	0.88	0.85	irs	0.75
30	宁　夏	1.00	1.00	1.00	—	1.17
31	新　疆	1.00	1.00	1.00	—	1.17
平均值		0.80	0.88	0.92		1.29
标准方差		0.19	0.18	0.12		2.50
离差		0.24	0.20	0.14		1.94

表 B1　DEA-BCC 模型下我国水业企业投入—产出松弛状况(一)

序号	评价单元	方案一						
		流动资产年平均余额(亿元)	固定资产原价(亿元)	成本、费用及附加(不含折旧)(亿元)	全部从业人员年平均数(万人)	工业销售产值(亿元)	用水人口(万人)	人均日生活用水(升)
1	北　京							
2	天　津							
3	河　北	0.00	0.00	0.00	0.03	0.00	0.00	104.10
4	山　西							
5	内蒙古	0.00	0.00	0.00	0.36	0.00	0.00	220.54
6	辽　宁	0.46	0.00	0.00	0.53	0.00	0.00	0.00
7	吉　林							
8	黑龙江							
9	上　海							
10	江　苏							
11	浙　江	18.87	8.72	0.00	0.00	0.00	0.00	0.00
12	安　徽							
13	福　建							
14	江　西							
15	山　东							
16	河　南							
17	湖　北							
18	湖　南							
19	广　东							
20	广　西							
21	海　南							
22	重　庆							
23	四　川							
24	贵　州	0.87	0.00	0.00	0.05	0.00	0.00	168.38
25	云　南	0.00	0.00	0.00	0.03	0.00	0.00	134.62
26	西　藏							
27	陕　西							
28	甘　肃							
29	青　海	0.71	0.00	0.00	0.02	0.00	0.00	163.55
30	宁　夏							
31	新　疆							

表 B2 DEA-BCC 模型下我国水业企业投入—产出松弛状况(二)

序号	评价单元	方案二						
		流动资产年平均余额(亿元)	固定资产原价(亿元)	成本、费用及附加(不含折旧)(亿元)	全部从业人员年平均数(万人)	工业销售产值(亿元)	用水人口(万人)	人均日生活用水(升)
1	北京							
2	天津							
3	河北	0.00	0.00	0.00	0.64	0.00	0.00	104.10
4	山西							
5	内蒙古	0.00	0.00	0.00	0.54	0.00	0.00	220.54
6	辽宁	1.02	0.00	0.52	0.00	0.00	0.00	20.12
7	吉林							
8	黑龙江							
9	上海	0.00	44.80	2.18	0.20	0.00	0.00	0.00
10	江苏							
11	浙江	18.82	2.43	0.00	0.00	0.00	0.00	0.00
12	安徽							
13	福建							
14	江西							
15	山东							
16	河南							
17	湖北							
18	湖南							
19	广东							
20	广西							
21	海南							
22	重庆							
23	四川	0.00	0.00	2.32	0.13	0.00	0.00	2.02
24	贵州	0.87	0.00	0.00	0.12	0.00	0.00	168.38
25	云南	0.00	0.00	0.00	0.07	0.00	0.00	134.62
26	西藏							
27	陕西							
28	甘肃							
29	青海	0.71	0.00	0.00	0.04	0.00	0.00	163.55
30	宁夏							
31	新疆							

表 B3 DEA-BCC 模型下我国水业企业投入—产出松弛状况(三)

序号	评价单元	方案三						
		流动资产年平均余额(亿元)	固定资产原价(亿元)	成本、费用及附加(不含折旧)(亿元)	全部从业人员年平均数(万人)	工业销售产值(亿元)	用水人口(万人)	人均日生活用水(升)
1	北京							
2	天津	5.29	1.97	3.60	0.00	18301.89	0.00	85.21
3	河北	0.00	0.00	0.12	0.00	44683.20	0.00	108.19
4	山西	2.39	0.00	1.48	0.23	9196.57	0.00	162.94
5	内蒙古	0.34	0.00	0.00	0.29	9084.20	0.00	48.12
6	辽宁	2.78	0.00	1.08	0.00	0.00	0.00	90.75
7	吉林							
8	黑龙江							
9	上海							
10	江苏							
11	浙江	10.60	0.00	4.11	0.00	0.00	0.00	22.25
12	安徽							
13	福建	1.10	14.83	0.00	0.00	0.00	17.18	0.00
14	江西	1.80	0.00	4.43	0.55	0.00	78.37	47.61
15	山东							
16	河南							
17	湖北							
18	湖南							
19	广东							
20	广西	0.00	3.93	2.63	0.42	0.00	37.58	0.00
21	海南	0.00	0.00	0.33	0.08	2084.25	0.00	0.00
22	重庆	0.55	0.00	0.95	0.00	8688.63	0.00	46.22
23	四川							
24	贵州	1.21	0.00	0.06	0.06	0.00	0.00	193.22
25	云南	0.97	0.00	0.14	0.00	2468.31	0.00	112.04
26	西藏							
27	陕西	0.60	0.00	0.36	0.06	8273.86	0.00	140.45
28	甘肃							
29	青海	0.80	0.00	0.00	0.01	1944.64	0.00	109.71
30	宁夏							
31	新疆							

表 B4　DEA-BCC 模型下我国水业企业投入—产出松弛状况(四)

序号	评价单元	方案四						
		流动资产年平均余额(亿元)	固定资产原价(亿元)	成本、费用及附加(不含折旧)(亿元)	全部从业人员年平均数(万人)	工业销售产值(亿元)	用水人口(万人)	人均日生活用水(升)
1	北　京	25.79	99.91	10.64	0.00	39736.00	0.00	22.37
2	天　津	5.63	7.99	2.75	0.00	26260.54	0.00	89.69
3	河　北	0.00	2.31	0.00	0.52	20616.13	0.00	60.54
4	山　西	2.39	0.00	1.48	0.24	9196.57	0.00	162.94
5	内蒙古	0.34	0.00	0.00	0.42	9084.20	0.00	48.12
6	辽　宁	3.07	0.00	0.88	0.05	0.00	0.00	91.32
7	吉　林							
8	黑龙江							
9	上　海							
10	江　苏							
11	浙　江	14.22	20.37	3.97	0.00	0.00	77.31	25.51
12	安　徽							
13	福　建	0.00	10.57	0.00	0.01	982.59	0.00	0.00
14	江　西	1.80	0.00	4.43	0.18	0.00	78.37	47.61
15	山　东							
16	河　南							
17	湖　北							
18	湖　南							
19	广　东							
20	广　西	0.00	3.93	2.63	1.01	0.00	37.58	0.00
21	海　南	0.00	0.00	0.33	0.02	2084.25	0.00	0.00
22	重　庆	0.00	0.00	0.25	0.00	4855.72	0.00	113.64
23	四　川	0.00	15.22	2.67	0.00	13702.32	0.00	0.00
24	贵　州	1.21	0.00	0.06	0.14	0.00	0.00	193.22
25	云　南	1.03	0.00	0.20	0.00	2834.62	0.00	105.16
26	西　藏							
27	陕　西	0.63	0.00	0.39	0.00	8450.87	0.00	137.13
28	甘　肃							
29	青　海	0.80	0.00	0.00	0.02	1944.64	0.00	109.71
30	宁　夏							
31	新　疆							

参考文献

[1]Abu-Zeid M A. Water and sustainable development: the vision for world water, life and the environment. Water Policy, 1998:9-19.

[2]Ahmed and Sampath. Welfare implications of tube well irrigation in Bangladesh. Water Resources Bulletin, 1988, 24(5):1057-1063.

[3]Alberto G. A mathematical programming model applied to the study ofwatermarketswithin the Spanish agricultural sector. Annals of Operations Research, 2000, (94):105-123.

[4]Amartya Sen. Markets and Freedom. Oxford Economic Papers, 1993(45):519-541.

[5]Andersen P and Petersen N C. A procedure for ranking efficient units in data envelopment analysis. Management Science, 1993(39):1261-1264.

[6]Anderson. Continental water marketing. Pacific Research Institute for Public Policy, San Francisco, 1994.

[7]Anderson. Water rights: scarce resources allocation, bureaucracy and the environment. Pacific Institute for Public Policy Research, San Francisco, 1983.

[8]Anderson and Synder. Water Markets: Priming the Invisible Pump. Cato Institute, Washington, D. C. , 1997.

[9]Armitage R M, Nieuwoudt W L, Backeberg G R. Establishing tradable water rights: case studies of two irrigation districts in South Africa. Water SA, 1999, 25(3): 301-310.

[10]Auty R M. Resource-based industrialization: sowing the oil in eight development Countries. New York: Oxford University Press, 1990.

[11]Bardhan. Analytics of the institutions of informal cooperation in rural development. World Development, 1993, 21(4): 633-639.

[12]Bardhan. Symposium on management of local commons. Journal of Economic Perspectives, 1993, 7(4): 87-92.

[13]Berlin Isaiah. Four essays on liberty. Oxford: Oxford University Press, 1969.

[14]Bromley D. W. Economic interests and institutions: the conceptual foundations of public Policy. New York and Oxford: Basil Blackwell, 1989.

[15]Challen Ray. Institutions, transaction costs and environmental policy: Institutional reform for water resources. Edward Elgar, 2000: 20-32.

[16]Charnes A, Cooper W W and Rhodes E. Measuring the efficiency of decision making unit. European Journal of Operation Research, 1978, (2): 429-444.

[17]Cheung Steve. A theory of price control. Journal of Law and Economics, 1974, 17(1): 53-71.

[18]Claude Menard and Stephane Saussier. Contractual Choice and performance: The case of water supply in France. Revued Economie Industrielle, 2000, (2-3): 385-404.

[19] Conseuelo Varela-Ortega. Water pricing policies, public decision making and farmer's response: Implications for Water Policy. Agricultural Economics, 1998, (19): 191-202.

[20]Cummings R G, Nercissiantz V. The use of water pricing as a means for enhancing water use efficiency in irrigation: Case studies in Mexico and theUnited States. National Resource Journal, 1992, (32): 731-755.

[21]Easter. Asia's irrigation management in transition: a paradigm shift faces high transaction Costs. Review of Agricultural Economics. 2000, 22(2): 370-388.

[22]Easter. The future of water market: a realistic perspective. In Easter, Rosegrant and Dinar (Ed). Markets for water: potential and performance. Boston: Kluwer Academic Publishers, 1998.

[23]Easter. The transition of irrigation management in Asia: Have we turned the corner yet? Boston: Kluwer Academic Publishers, 1999.

[24]Easter and Welsch. Implementing irrigation projects: operational and institutional problems. In K. W. Easter(Ed). Irrgation investment, technology and management strategies for development. Boston: Westview Press, 1986.

[25]Easter Becker and Tsur. Economic mechanisms for managing water resources: pricing, permits and markets. In A K Biswas(Ed). Water resources: environmental planning, management and development. New York: Mcgraw-Hill, 1997.

[26]Edella Schlager and Elinor Ostrom. Property rights regimes and coastal fisheries: an empirical analysis, in Terry L. Aderson and Randy T. Simmons eds. The political economy of customs and culture: informal solutions to the commons problem. Lanham: Rowman and littlefield, 1993: 13-42.

[27]Fakeries S H. Naraganan. Reprise rigidity and quantity ration in rules under stochastic water supply water resources. Research, 1984, (6): 20-23.

[28]Frederiksen. Institutional principles for sound management of water and related environmental resources. In Biswas (Ed). Water resources: environmental planning, management and development.

New York:Mcgraw-Hill,1997.

[29]Furnbotn E G and Pejovich S. Property rights and economic theory:a survey of recent literature. Journal of Economic Literature, 1972, (10):1137-62.

[30]Gardner R,Ostrom E and Walker J M. The nature of common-pool resource problems. Rationality and Society,1990,(2):335-358.

[31]Gatty H. Reforming contractual arrangements: lessons from urban water systems in six developing countries. Washington D. C. : The World Bank,1998.

[32]Gazmuri and Rosegrant. Chilean water policy: the role of water rights, institutions and markets. Washington D. C. : International Food Policy Research Institute,1994.

[33]Gisser and Johnson. Institutional restrictions on the transfer of water rights and the survival of an agency. in T Anderson(Ed). Water rights:scarce resources allocation,bureaucracy and the environment. Pacific Institute for Public Policy Research,San Francisco,1983.

[34]Gordon H Scott. The economic theory of a common property resource: the fishery. Journal of Political Economic, 1954, 62(2): 124-142.

[35]Grimble R J. Economic instruments for improving water use efficiency:theory and practice. Agricutural Water Management,1999 (40):77-82.

[36]Hardin G. The tragedy of the commons. Science,1968(162):1243-8.

[37]Holden P and Thobani M. Tradable water rights: a property rights approach to resolving water shortages and promoting investment. Policy Research Working Paper,No. 1627,World Bank,1996.

[38]Howe C W, Schurmeier D R, Shaw W D. Innovative approaches towater allocation: the potential for water market. Water Resources Research,1986,22(4):439-445.

[39]Huffman. Instream water use: public and private alternatives. in T Anderson(Ed). Water rights: scarce resources allocation, bureaucracy and the environment. Pacific Institute for Public Policy Research, San Francisco, 1983.

[40]Hunt. Organizational control over water: the positive identification of a social constraint on farmer participation. In Sampath (ed). social, economic and institutional issues in third world irrigation management. Boulder: Westview Press, 1990.

[41]International Water Management Institute (IWMI). Impacts of irrigation management transfer: a review of the evidence, IWMI Research Report No. 11, 1997.

[42]International Water Management Institute(IWMI), Food and Agriculture Organization of the United Nations (FAO), Irrigation Management Transfer. FAO, United Nations, Rome, 1995.

[43]Ioslovich I, Gutman P. A model for the global optimization of water prices and usage for the case of spatially distributed sources and consumers. Mathematics and Computer in Simulation, 2001, 56(1): 347-356.

[44]Javier C, Alberto G. Modelling water markets under uncertain water supply. European Review of Agricultural Economics, 2005, 32 (21): 19-142.

[45]Johansson R C. Pricing irrigation water: a literature survey. Policy Research Working Paper, World Bank, 1999.

[46]Johnson. Can farmers afford to use the wells after yurnover? Short Report Series on Irrigation Management, 1993, No. 1. IIMI.

[47] Johnson. Irrigation management transfer: decentralizing public irrigation in Mexico. Water International. 1997, 22(3): 159-167.

[48]Larry Simpson and Klas Ringskog. Water market in the American. Washington D. C. : The World Bank, 1997.

[49]Manuela, Jos A G Mea-Lim N, Martinu. Local water markets for

irrigation in south Spain: a multicriteria approach. The Australian Journal of Agricultural and Resource Economics, 2002, 46(1): 21-43.

[50]Marino M and Kemper K E. Institutional frameworks in successful water markets. Technical Paper, 1999, No. 427. World Bank.

[51]Marre. Irrigation water rates in Mendoza's decentralized irrigation administration. Irrigation and Drainage Systems. 1998(12): 67-83.

[52]Matsuyama M. Agricultural Productivity, Comparative Advantage, Economics Growth. Journal of Economics Theory, 1992 (58): 317-334.

[53]Meinzen-Dick. Farmer participation in irrigation: 20 years of experience and lessons for the future. Irrigation and Drainage Systems. 1997(11): 103-118.

[54]Meinzen-Dick. Sustainable water user associations: lessons from a literature review. in Subrumanian (Ed). User organization for sustainable water services, World Bank Technical Paper No. 354. World Bank, 1997.

[55]Meinzen-Dick and Mendoza. Alternative water allocation mechanisms India and international experience. Economic and Political Weekly, 1996, 31A: 25-30.

[56]Meinzen-Dick and Rosegrant. Water as an economic good: incentives, institutions and infrastructure. In M Kay T Franks and L Smith(Ed). Water: economics, management and demand. London: E and FN Spon, 1997.

[57]Menard C and Shirley M. Reforming contractual arrangements: lessons from urban water systems in six developing countries. Washington D. C.: The World Bank: 1999.

[58]Mercer L J. The efficiency of water pricing: a rate of return analysis for municipal water departments, Water Resources Bulletin, 1986(2): 22-25.

[59]Michael L. Estimating urban residential water demand:effects of price structure,conservation and edllcation. Water Resource Research,1992(3).

[60]Moncur Jet. Drought episodes management: the role price, Water Resources Bulletin,1988(2).

[61]Murdock S H. Role of sociodemographic characteristics in projections of water use. Journal of Water Resources Planning and Management, 1991(2):117.

[62]Narayannan R and Beladi H. Feasibility of seasonal water pricing considering metering costs. Water Resources Research. 1987, 23 (6): 1091-1099.

[63]Ostrom Elinor. Governing the commons:the evolution of institutions for collective action. New York:Cambridge University Press,1990.

[64]Ostrom Elinor, Paul Benjamin and Ganesh Shivakoti. Institutions, incentives and irrigation in Nepal. Vol. 1. Bloomington:Indiana University. Workshop in Political Theory and Policy Analysis,1992.

[65]Ostrom Elinor, Roy Gardner and James Walker. Rules, games and common-pool resources. Ann Arbor:University of Michigan Press,1993.

[66]Panayotou Theodore. Economic instruments for environmental management and sustainable development, environment economics series,paper No. 16,UNEP environment and economic unit,1994.

[67]Radif A A. Integrated water resources management (IWRM):an approach to face the challenges of the next century and to avert future crises. Desalination,1999(124):145-153.

[68]Raftlis G A and Van Dusen J D. Factors affecting water and waste water rates. Public Works. 1988(2):61-62.

[69]Rawls John. A theory of justice. Cambridge, MA: Harvard University Press,1971.

[70]Rosegrant and Gazmuri. Tradable Water Rights: Experiences in

Reforming Water Allocation Policy. UN Agency for International Development,1994.

[71]Rosegrant M W,Binswanger H P. Markets in tradable water rights: potential for efficiency gains in developing country water resource allocation. World Development,1994,22(11):1613-1625.

[72]Sachs J and Warner A. Fundamental sources of long-run growth. American Economics Review,1997(87):184-188.

[73]Sachs J and Warner A. Natural resource abundance and economics growth. NBER Working paper,1995:5338.

[74]Sachs J and Warner A. The curse of natural resources. European Economics Review,2001(45):827-838.

[75]Saleth. Water institutions in India:economics,law and policy. New Delhi:Commonwealth Publishers,1996.

[76]Saleth and Dinar. Evaluating institutions and water sector performance. Technical Report,No. 447. World Bank,1999.

[77]Saleth R M,Dinar A. Institutional change in global water secter: trends,patterns and implications. Water Policy,2000(2):175-199.

[78]Saleth R M. Water Markets in India: Economic and Institutional Aspects. In Easter (ed). Markets for Water: Potential and Performance. Kluwer Academic Publishers, 1998.

[79]Schleyer R G,Rosegrant M W. Chilean water policy:the role of water rights,institutions and markets. Water Resource Development,1996,12(1):33-48.

[80]Schneider M L. User-specific water demand elasticites. Journal of Water Resources Planning and Management,1991(1).

[81]Small. Irrigation service fees in Asia. ODI Irrigation Management Network. 1990:3-15.

[82]Small and Carruthers. Farmer-financed irrigation:the economics of reform. Cambridge:Cambridge University Press. 1991.

[83]Sonin K. Why the rich may favor poor protection of property rights. The Journal of Comparative Economics,2003(31):715-731.

[84]Stanley R H and Luiken R L. Water rate studies and making philosophy, Public Works,1982(5):70-73.

[85]Tregarthen. Water in Colorado: fear and lothing in the marketplace. In T Anderson(Ed). Water rights: scarce resources allocation, bureaucracy and the environment. Pacific Institute for Public Policy Research, San Francisco,1983.

[86]Vermillion. Impacts of irrigation management transfer: a review of the evidence. IIMI, Research Report, 1997, No. 11. Colombo, Sri Lanka.

[87]Wicholns D. Motivating reduction in drain water with block—ratter prices for irrigation water, Water Resources Bulletin, 1991(4).

[88]Zilberman. Incentives and Economics in Water Resources Management. 2nd Toulouse Conference on Environment and Resources Economics. Toulouse, 1997, France(May 14-16).

[89]Zilberman. Individual and institutional responses to the drought: the case of California agriculture. UC Berkeley, Working Paper, 1992.

[90]埃莉诺·奥斯特洛姆.公共服务的制度建构.上海:上海三联书店,2000:1—17.

[91]埃莉诺·奥斯特洛姆.公共事物的治理之道.上海:上海三联书店,2000:52—69.

[92]埃莉诺·奥斯特洛姆等.制度激励与可持续发展.上海:上海三联书店,2000:127—144.

[93]埃里克·弗鲁博顿.新制度经济学——一个交易费用的分析方式.上海:上海三联书店,2006.

[94]巴泽尔.产权的经济分析.上海:上海人民出版社,2003:1—8,3.

[95]蔡守秋.论水权转让的范围、原则和条件.水权与水市场——资料选编之二,水利部政策法规司资料,2001:296—333.

[96]常云昆.黄河断流与黄河水权制度研究.北京:中国社会科学出版

社,2001.

[97]陈德敏等.关于《物权法》中水资源权属制度合理性的评介.贵州社会科学,2009(1):93—96.

[98]陈洁等.智利水法对中国水权交易制度的借鉴.人民黄河,2005(12):47—49.

[99]陈金木.从物权法立法争议看水权制度建设.水利发展研究,2006(1):93—96.

[100]陈志松等.南水北调东线 Newsvendor 优化模型.中国人口资源与环境,2010(6):45—56.

[101]程承坪等.水资源的特点及其对构建我国水权管理体制的启示.软科学,2005(6):38—41.

[102]崔建远.水工程与水权.法律科学,2003(1):65—72.

[103]崔建远.水权与民法理论及物权法典的制定.法学研究,2002(3):8—16.

[104]道格拉斯·C.诺思.经济史中的结构与变迁.上海:上海三联书店,2002:1—10,225—226.

[105]道格拉斯·C.诺思.制度、制度变迁与经济绩效.上海:上海三联书店,1994.

[106]道格拉斯·C.诺思,罗伯斯·托马斯.西方世界的兴起.北京:华夏出版社,1999.

[107]邓敏等.适应性治理下水权转让多中心合作模式研究.软科学,2012(6):45—56.

[108]傅晨.水权交易的产权经济学分析.中国农村经济,2002(10):25—29.

[109]傅尔林.试论我国水资源有效配置的制度变迁.南方经济,2004(8):34—36.

[110]傅涛,钟丽锦,常杪.水业特许经营的案例分析与操作.中国给水排水,2006(4):18—22.

[111]傅贤国.行动者的法:纠纷的主体及其解决主体——立足于水权纠纷

的再次解读.理论与改革,2008(1):93—96.

[112]高芙蓉.中国水权法律制度研究.内蒙古大学学报(人文社会科学版),2002(6):53—59.

[113]葛颜祥等.水权的分配模式与黄河水权的分配研究.山东社会科学,2002(4):35—39.

[114]胡鞍钢,王亚华.转型期水资源配置的公共政策:准市场和政治民主协商.中国软科学,2000(5):5—11.

[115]胡振鹏,傅春,王先甲.水资源产权配置与管理.北京:科学出版社,2003:42—44.

[116]黄少安.制度经济学研究.北京:经济科学出版社,2004.

[117]黄锡生.论水权的概念和体系.现代法学,2004(4):134—138.

[118]黄锡生.完善我国水权法律制度的若干构想.法学评论,2005(1):93—96.

[119]黄锡生等.关于修改《水污染防治法》的几点思考.环境保护科学,2007(1):93—96.

[120]解振华.关于循环经济理论与政策的思考.中华励志网,2003-07-27.

[121]康芒斯.制度经济学(上、下).北京:商务印书馆,1997.

[122]雷玉桃.国外水权制度的演进与中国的水权制度创新[J].世界农业,2006(1):36—38.

[123]李金昌编著.资源经济新论.重庆:重庆大学出版社,1993:93.

[124]李先波,陈勇.我国现代水权制度建立的立法障碍与完善建议.中国软科学,2003(11):13—17.

[125]李雪松.中国水资源制度研究.武汉:武汉大学出版社,2006.

[126]李园园.物权法视野下的水权与水资源保护.水利经济,2012(1):93—96.

[127]励效杰.承诺缺失下城市水业特许经营博弈分析.中国给水排水,2006(20):8—10.

[128]刘伟.中国水制度的经济学分析.复旦大学博士学位论文,2004.

[129]刘文强.塔里木河流域基于产权交易的水管理机制研究.清华大学博

士学位论文,1999.
[130]刘晓峰.环境法视野下的中国水权制度演变研究.安徽农业科学,2010(1):93—96.
[131]刘宇飞.公共产品供给问题经济学分析.北京大学博士学位论文,1999.
[132]卢现祥.西方新制度经济学研究.北京:中国发展出版社,2003.
[133][美]迈克尔·麦金尼斯.多中心治道与发展.上海:上海三联书店,2000:443—469.
[134][美]R.科斯,A.阿尔钦,D.诺斯等.财产权利与制度变迁.上海:上海三联书店,上海人民出版社,1994:250—258.
[135]裴丽萍.水权制度初论.中国法学,2001(2):90—101.
[136]钱正英,张光斗主编.中国可持续发展水资源战略研究综合报告及各专题报告.北京:中国水利水电出版社,2001:4—6.
[137][日]青木昌彦.比较制度分析.上海:上海远东出版社,2001:162.
[138][日]青木昌彦.沿着均衡点演进的制度变迁.转引自克劳德·梅纳尔.制度、契约与组织.北京:经济科学出版社,2003.
[139][日]青木昌彦,奥野正宽.经济体制的比较制度分析.北京:中国发展出版社,1999.
[140]荣兆梓.论公有产权的内在矛盾.经济研究,1996(9).
[141]阮本清,梁瑞驹,王浩,杨小柳.流域水资源管理.北京:科学出版社,2001:11—12.
[142]沙景华等.国外水权及水资源管理制度模式研究.中国国土资源经济,2008(1):36—38.
[143]申余.水务市场化大盘点.上海国资,2004(7):39—41.
[144]沈满洪.水权交易与政府创新.管理世界,2005(6):45—56.
[145]盛洪.中国的过渡经济学.上海:上海三联书店,上海人民出版社,1994.
[146]水利部水资源司.城市水务市场化改革调研.中国水利,2004(15):6—12.

[147]思拉恩·埃格特森. 新制度经济学. 北京:商务印书馆,1996:69.

[148]孙卫等. 水权管理制度的国际比较与思考. 中国软科学,2001(12):34—36.

[149]天则公用事业研究中心. 城市水务市场化改革案例研究报告. 2004.

[150]天则经济研究所. 中国公用事业民营化,2002.

[151]汪丁丁. 产权交易. 经济研究,1996(10):70—79.

[152]汪丁丁. 从交易费用到博弈均衡. 经济研究,1995(9):72—80.

[153]汪恕诚. 怎样解决中国四大水问题. 求是,2005a(3):51—53.

[154]汪恕诚. 中国水资源问题及对策. 学习时报,2005b(10):1—6.

[155]王彬. 短缺与治理:中国水短缺问题的经济学分析. 复旦大学博士学位论文,2004.

[156]王定虎等. 区域环境污染治理的必由之路. 中国环境管理,1998(6):32—33.

[157]王浩等. 水权理论与实践问题浅析. 行政与司法,2004(6):89—91.

[158]王慧等. 基于期权市场和现货市场的水资源配置最优策略研究. 经济纵横,2009(6):45—56.

[159]王慧敏等. 基于CAS的水权交易模型设计与仿真. 系统工程理论与实践,2007(6):45—56.

[160]王慧敏等. 南水北调东线水资源供应链定价模型. 水利学报,2008(6):45—56.

[161]王建中. 黄河断流情况及对策. 中国水利,1999(4):10—18.

[162]王俊豪. A—J效应与自然垄断产业的价格管制模型. 中国工业经济,2001(10):33—39.

[163]王生珍. 论我国环境法中的水权制度. 佳木斯教育学院学报,2011(1):93—96.

[164]王亚华. 水权解释. 上海:上海人民出版社,2005:25—26.

[165]肖国兴. 论中国水权交易及其制度变迁. 管理世界,2004(4):51—60.

[166]谢识予. 经济博弈论. 上海:复旦大学出版社,2002:233—273.

[167]杨瑞龙. 国有企业治理结构创新的经济学分析. 北京:中国人民大学

出版社,2001.

[168]杨瑞龙.阶梯式的渐进制度变迁模型.经济研究,2000(3):24—31.

[169]杨瑞龙.论我国制度变迁方式与制度选择目标的冲突及其协调.经济研究,1994(5):40—49.

[170]杨瑞龙.面对制度之规.北京:中国发展出版社,2001:1.

[171]杨瑞龙.我国制度变迁方式转换的三阶段论.经济研究,1998(1):3—10.

[172]叶秉如主编.水资源系统优化规划和调度.北京:中国水利水电出版社,2001:1—3.

[173]余文华.国外水权制度的立法启示.法制与社会,2007(1):36—38.

[174]约瑟夫·斯蒂格利茨.经济学.北京:中国人民大学出版社,2000:20—22.

[175]张燎.城市水务改革的模式选择与比较.中国水利,2006(10):20—23.

[176]张平.国外水权制度对我国水资源优化配置的启示.人民长江,2005(8):13—14.

[177]张平.国外水资源管理实践及对我国的借鉴.人民黄河,2005(6):33—34.

[178]张平.水权制度与水资源优化配置.人民黄河,2005(4):15—16.

[179]张曙光.如何对公用事业民营化进行管理.长江建设,2003(3):5—10.

[180]张维迎.博弈论与信息经济学.上海:上海三联书店,1996.

[181]张维迎.企业的企业家——契约理论.上海:上海三联书店,1995.

[182]张五常.共有产权.载:张五常.经济解释——张五常经济论文选.北京:商务印书馆,2000:427.

[183]张五常.经济解释——张五常经济论文选.北京:商务印书馆,2000.

[184]张旭昆.制度系统的性质及其对于演化的影响.经济研究,2004(12):114—121.

[185]张勇等.国外典型水权制度研究.经济纵横,2006(3):63—66.

[186]赵璧,刘军.缺水条件下银川市水市场构建与水价形成机制.经济社会体制比较,2004(5):124—131.
[187]朱康对.共有资源开发的产权缔约分析——楠溪江渔业资源承包的个案分析.中国社会科学评论,2004(2):80—92.
[188]朱淑枝.论水权的起源及其管理.学术研究,2004(5):20—25.

索　引

后　记

本书是在我的博士论文基础上修改而成的。读博士研究生期间，导师王慧敏教授在学习和生活上给予了我无微不至的关怀和帮助，给予我母亲般的理解和支持，对于我的缺点和不足，表现出了无比的宽容，对我的培养倾注了心血。导师渊博的知识、严谨的治学态度、宽广的胸怀、谦虚的人格、高尚的人品，深深地感染了我，使我终生受益，是我毕生学习的楷模。在此，向导师致以最崇高的敬意和最诚挚的谢意。

要感谢的还有我硕士生导师史安娜教授，在河海大学读硕士研究生和博士研究生期间，给予我亦师亦友的关怀和帮助，在我最需要帮助的时候，总会给我以点拨和支持。您认真负责的态度、正值的人品一直是我学习的榜样。在此表达我内心最真诚的感激。

还需要深深感谢的是宁波市人民政府咨询委员会、宁波市发展和改革委员会以及宁波市发展规划研究院的领导和同事，是你们教会了我很多做人、做学问的哲学，为我的工作、学习和生活提供了无微不至的帮助。

在本书写作进行到最困难的时候受到了陈军飞博士的

启发，在此表示诚挚的感谢！除此以外，还有那些一直帮助和关心我的老师们，多谢你们给予的帮助和支持，感谢评阅专家宝贵的意见。

最后要表示感谢的也是我最想感谢的，那就是我的妻子翁静君给予我的支持和理解，尤其是书稿进展遇到重大困难时，你给我的安慰与支持，儿子励梓宁小朋友天真的笑容给我在辛苦写作过程中增添了不少乐趣。我的父母，是你们的支持和培养，让我从农村走出来，母亲的任劳任怨、父亲的责任心一直是我的骄傲，也是我一直激励自己不断前进的动力，也是你们让我学会保持一颗感恩的心。我的哥嫂，是你们对父母的照顾，让我可以安心在外“漂泊”，也是你们的帮助和支持，激励着我，借此也表达对你们的感激。

励效杰

2014 年 11 月 8 日于姚江畔寓所

图书在版编目（CIP）数据

水管理的市场化模式研究／励效杰著．—杭州：浙江大学出版社，2014.11

ISBN 978-7-308-12838-4

Ⅰ．①水… Ⅱ．①励… Ⅲ．①水资源管理—市场机制—研究—中国 Ⅳ．①TV213.4

中国版本图书馆 CIP 数据核字（2014）第 018404 号

水管理的市场化模式研究

励效杰 著

责任编辑 朱 玲
封面设计 续设计
出版发行 浙江大学出版社
（杭州市天目山路 148 号 邮政编码 310007）
（网址：http://www.zjupress.com）
排　　版 杭州中大图文设计有限公司
印　　刷 德清县第二印刷厂
开　　本 787mm×960mm 1/16
印　　张 11.5
字　　数 213 千
版 印 次 2014 年 11 月第 1 版 2014 年 11 月第 1 次印刷
书　　号 ISBN 978-7-308-12838-4
定　　价 35.00 元

浙江大学出版社发行部联系方式：0571—88925591；http://zjdxcbs.tmall.com